拥抱
好心情
——抑郁心理自我调节

≡ HAPPY ≡

郝 伟

主 编
刘炳伦

副主编
穆朝娟
刘若凡

编 者
王 盟
王 玮
胡岱梅

插 图
张越宁

人民卫生出版社
·北京·

像了解感冒一样

了解和认识抑郁症

本书详细介绍了综合医院容易误诊的各种抑郁症类型,并且对美国和国际最新版的抑郁症分类做了点评,提出需要加强综合医院门诊抑郁症的识别和进行系统的正规治疗。

书中详细描述了抑郁症最基本的心理改变以及容易误诊的原因,而且最大的特色是指导患者如何辨别自己是不是得了抑郁症、如何配合医生系统正规治疗抑郁症、如何进行心理自我调节,家属如何配合患者度过抑郁症心理危机。

♥ ≡ HAPPY ≡

全书涵盖了抑郁症的经典理论和最新的学术进展,语言流畅,通俗易懂,案例丰富、鲜活,并且配有插图,可增加读者对抑郁症的感性认识和理解,以便发现问题时能及时就诊,早日进行系统、正规的治疗,少走弯路。本书特别适合抑郁症患者与家属、综合医院非精神科医生、基层医院精神科医生及需要心理减压者阅读。

序一

著名医学杂志《柳叶刀》2017 年发表了有关疾病负担的重要文章，指出抑郁症是精神疾病最主要的死亡原因，也是造成全球非致命性疾病负担的最主要疾病。我国抑郁症患者大约有 1 亿人，已经为社会、家庭带来了庞大而沉重的负担。

需要特别指出的是，与其他精神科疾病相比，抑郁症临床治疗效果很好，大部分患者可以临床痊愈。但是，抑郁症由于临床表现形式和疾病发作形式复杂多变，并且常常伴随出现各种身体不适，会导致患者误以为得了其他身体疾病而到综合医院门诊各科就诊，如果被误诊误治，则导致长期不愈。

因此，人们谈抑郁色变，患者与家属的恐惧感、羞耻感强烈，不愿意面对现实，不敢到精神卫生机构就医，更不知道抑郁症如何治疗、如何预防反复发作。同时，抑郁症家属无所适从，不知道如何关心患者，如何帮助患者渡过难关、重新踏上工作岗位。刘炳伦医生基于在每年逾 6000 人次门诊量中积累的医学实践经验，运用通俗的语言，向读者介绍抑郁症的概念、诊断、处理等，并回答了患者与家属关心的问题。我非常乐意推荐这本科普著作，希望开卷有益。

我与刘炳伦医生关系有点复杂，我们均师从精神医学泰斗杨德森教授，当然为师兄弟。20 年前，阴差阳错，刘炳伦考取了我的博士研究生，至此改称我为"老师"，但我还是称他为师弟。师弟一直遵循明朝裴一中的古训"学不贯今古，识不通天人，才不近仙，心不近佛者，宁耕田织布取衣食耳，断不可作医以误世！"，秉承我们团队"勤奋严谨，创新发展"的治学精神，医学理论密切联系临床实践，是一位令人尊敬的精神科医生。

是为序。

郝伟　医学博士

中南大学湘雅二医院精神卫生研究所　教授

联合国国际麻醉品管制局　第一副主席

世界卫生组织社会心理因素与健康合作中心　主任

2021 年金秋

序二

随着现代社会生活节奏的不断加快,抑郁症已经成为精神类疾病中患病人数最多的一种疾病。但是,人们对这种疾病防治知识的了解,与高血压、糖尿病等相比,差距还很大。一般很少有人比较系统地了解和认识它。比如什么是抑郁症,它的主要症状是什么,干预、治疗应该注意什么问题,怎样才能少走弯路,做到早发现、早治疗、规范治疗,最大限度地减轻患者的痛苦、减少反复和争取完全康复等。不少人羞于承认得了这种病,不愿意到精神卫生机构看精神科医生,而是先到综合医院内科或神经内科检查,特别是当身体不适成为突出的临床表现,掩盖了抑郁情绪的时候,更是反复就诊于综合医院门诊有关各科室,延误了最佳治疗时机,小病拖成了大病,遗憾终身。怎样才能改变这种状况,让全社会像对待躯体性疾病一样正确看待精神类疾病,让更多的人能够像了解感冒一样了解和认识抑郁症,已经成为我们国家不断提高抑郁症防治水平所面临的一个十分重要的课题。这需要进一步加大社会动员力度,广泛深入地宣传抑郁症防治知识。作为一个曾经在省级卫生行政部门负责过这方面管理工作的过来人,我也一直在关注着这个问题。

前段时间得知刘炳伦医生在写这方面的书,我很高兴。初稿出来以后,我先读为快,确实是一本很好的书。书中根据国际最先进的学术观点,结合作者 40 余年的临床经验,用尽可能通俗的语言,详细地介绍了抑郁症的概念、各种临床容易误诊的抑郁症以及抑郁症的综合治疗策略,介绍了患者和家属如何面对抑郁症,如何在医生的指导下进行抑郁心理自我调理、自我康复的具体方法等,切实可行,容易操作,也符合中国文化特色。

患者和家属读了这本书,可以初步判断自己或亲属是否得了抑郁症,为什么必须及时看精神科医生,避免辗转就诊于综合医院门诊有关科室,耽误最佳治疗时机,错失规范治疗,影响预后效果。治疗中,可以加深对医生治疗方案的理解,积极加强自我调理、自我康复,正确对待治疗过程中出现的一些不适反应,按时、规范服药,积极配合医生的治疗,增强战胜疾病的信心。

本书也会分享抑郁症防治的一些新理念、新进展和作者的一些成功治疗经验,有助于提高综合医院有关科室的医生对抑郁症的诊断能力,对前来就诊的患者进行正确的处置和引导。

山东省是一个人口大省,也是一个卫生大省,抑郁症防治任务十分繁重。在抑郁症防治工作中,要做到少得病、不得病,得病以后早发现、早治疗、规范治疗,我们还要做很多工作,包括在不断提高诊疗水平的同时,下大气力做好有关知识的科普工作。

刘炳伦医生，是改革开放初期到我省精神卫生中心工作的少数医学博士之一，曾拜师于湘雅医院医学名家，硕士研究生导师和博士研究生导师都是精神医学大家，都在世界卫生组织和联合国任职。我认识他多年，是老朋友。他政治素养高，业务能力强，尤其擅长抑郁症诊疗工作，把很多患者从病痛中解救出来。他善待患者，热心助人，经常得到患者的赞扬和感谢。他善于积累总结自己的诊疗体验，把自己的经验体会多次编纂出版，奉献给抑郁症防治的普及工作。在这本书即将出版之际，衷心希望刘炳伦医生在新时代抑郁症防治工作中，不负名门厚望，不负人民重托，继续提高诊疗水平，不断取得新的成绩。

借此机会，也热切期待更多的精神科医生，以社会需求为导向，为抑郁症防治知识的普及，奉献更多、更好的作品。同时，衷心祝愿山东省抑郁症防治工作在已经取得一定成绩的基础上，继续解放思想，开拓进取，为"健康山东""健康中国"建设做出新的、更大的贡献。

山东省医学会会长　包文辉

2021 年金秋

前言

目前，中国已经成为全球抑郁症人数最多的国家。全球超过 3 亿人患有抑郁症，2019 年《柳叶刀》发表的中国黄悦勤教授团队研究数据显示，约 9500 万中国人一生中曾经患过抑郁症，大部分转为慢性疾病状态，近一年内大约有 5400 万人正在遭受抑郁症的痛苦折磨。

作为一种精神科的常见病，抑郁症对患者及其家庭造成了极大的身心负担和沉重的经济压力。

抑郁症就像是情绪感冒，它会传染，也会流动，尤其是在后疫情时代，抑郁症相当常见。疫情带来的学业、就业压力与企业经营亏损压力，甚至疾病和死亡，无一不给民众带来心理伤害。

抑郁症，因为得病的急慢和轻重程度不同，每个患者表现也不一样。就是同一个患者，在不同的疾病阶段，临床表现也大不相同，甚至截然相反。所以，抑郁症是个体表现差异性较大的疾病。

抑郁症患者除了情绪低落、兴趣减退或疲乏无力之外，还会有早醒、没胃口、性欲减退、容易动怒、行动缓慢等症状表现，而且大多数抑郁症患者，还有可能出现其他不同的症状，如紧张焦虑、肠胃不适、头晕、头痛、心慌、胸闷、气短、尿频、汗多、浑身发麻或疼痛等。有时因为这些表现可能是抑郁症发作的前期表现，甚至程度比较严重，掩盖了心情不好的抑郁情绪，患者反复到综合医院的消化内科、心血管内科、神经内科、泌尿科、内分泌科、中医科、保健科就诊。又因为其他专业医生抑郁症识别能力和治疗水平有限，甚至简单地认为服抗抑郁症药物就行，没有考虑到抑郁症还有单相抑郁症和双相情感障碍（就是以前说的躁狂抑郁症）的区别，两者治疗原则和方法根本不同，导致许多患者得不到正确治疗，失去了最佳治疗时机，造成抑郁症长期不愈，患者长期精神痛苦而自寻短见。而更多的抑郁症患者不能被理解、被重视，反而会被认为"没事找事""矫情""做秀""脆弱"。

患者往往不知道怎么判断自己是不是得了抑郁症？不知道伤心落泪、悲观失望、无欲无趣、疲乏无力、孤独无助就是抑郁症的表现，应该请精神科医生诊治。

患者也不知道自己得了抑郁症该怎么治？看到医生开的药不一样，也不知道得了抑郁症该吃哪一种药物好？甚至看到别的抑郁症患者服的药物治好了病，就找医生开这种药。不知道需要服药多久？更不知道如何自我心理调节？

而抑郁症患者家属也手足无措，要么认为患者不坚强、矫情，要么不知道多陪伴患者、关心患者，帮助患者恢复自信、尽快就医、按医嘱服药、降低对患者的期望值等。

本书就是为解答上述问题而编写的。本书主编从事精神科临床工作 40 余年，在中国素负盛名的"南湘雅"攻读硕士和博士研究生，师从精神医学泰斗杨德森教授和国际著名精神科专家郝伟教授，将杨德森教授名言"白天多看病、晚上多看书"付诸临床实践，理论密切联系实际，反复验证，找出规律，遂成此书，希望对抑郁症患者和家属、综合医院及基层医院医生有所帮助。

刘炳伦　医学博士

山东省精神卫生中心　主任医师

2021 年金秋

目 | 录

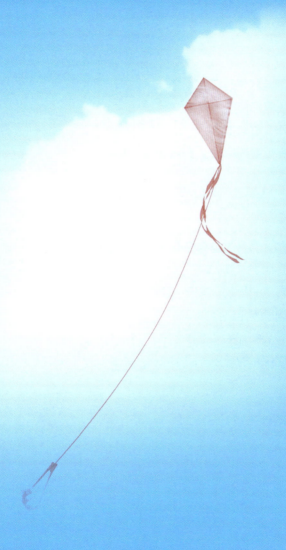

第一讲 抑郁症是 21 世纪的心灵感冒

♥ ≧HAPPY≧

第二讲　心情抑郁了还会出现别的心理不正常吗

♥ =HAPPY=

第三讲 为什么我得了抑郁症和别人的表现不一样

♥ ≋ HAPPY ≋

第四讲 为什么我会得抑郁症

♥ ≋HAPPY≋

第五讲　我怎么判断自己是不是得了抑郁症

♥ ≡HAPPY≡

第六讲　得了抑郁症该怎么治

HAPPY

第七讲 得了抑郁症吃哪种药物好

♥ ≡ HAPPY ≡

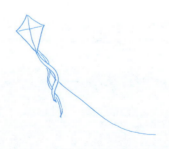

第九讲 身体有别的病时，我心情不好怎么治

♥ ≋HAPPY≋

♥ ≋HAPPY≋

第十讲 家人得了抑郁症，家属怎么办

♥ HAPPY

♥ ≡ HAPPY ≡

第一讲 抑郁症是 21世纪的心灵感冒

第一节

抑郁症越来越多

一、我国抑郁症人群在扩大

（一）抑郁症是一种很常见的疾病

美国 *The Economist* 曾指出：社会愈富裕，人们的心理健康问题就愈多。在物质生活普遍改善的当下，人们也就愈发关注起心理问题。心理学家马斯洛的需要层次理论就可以解释这种现象。

马斯洛的"人的需要层次理论"认为，人的需要是有层次的，按优先顺序依次为：生理的需要、安全的需要、爱和归属的需要、受尊重的需要和自我实现的需要。生理的需要是每个人最基本的需要，包括食物、水、氧气、体温的维持等。生理的需要优先于所有其他需要。当低一级的需要满足以后，人们就会追求高一级的需要。当高一级的需要满足不了时，人们就会出现心理问题。当丰衣足食后，人们的精神追求日益增强，自我实现的心愿更加强烈。但是，理想很丰满，现实却又很骨感、很残酷。人生不如意事十之八九，心理问题随之而来。

根据世界卫生组织(WHO)的数据,每四个人中就有一个人面临精神健康问题的困扰。抑郁症,就像普通感冒一样,在全世界都很普遍,是一种很常见的疾病。

随着时间的推移,抑郁症的患病率在增加。

2017 年,世界 150 种常见病中,抑郁症已由 1990 年的第 4 位上升至第 3 位,在精神疾病中排名第一。全世界范围内,约有 3 亿4000 万抑郁患者。

(二)特殊人群抑郁症更多

我国的流行病学调查研究显示,抑郁症患者数目同样巨大。有专家甚至声称,我们正处于一个"抑郁症的时代"。

2019 年 2 月,北京大学第六医院黄悦勤教授等在《柳叶刀·精神病学》在线发表研究文章,首次对中国精神卫生调查(CMHS)的患病率数据进行了报道,调查结果显示,我国抑郁症患者约有 9500万,有 5400 多万人近一年内正在遭受抑郁症折磨,仅次于心血管疾病患者数。这个数字,还没有包括其他抑郁症,如双相情感障碍等。

无论男、女、老、幼,都会患抑郁症,但是某些特殊群体抑郁症更多。

抑郁症广泛存在于各类人群中,工作压力大、精神高度紧张的公司职业人士,青少年学生、老年人、特殊生理期(产后、更年期)的女性等,都是抑郁症的高危人群。

女性比男性容易患抑郁症。女性抑郁症患病率约为男性的 2 倍。一项来自 15 个国家社区成年居民的调查发现,女性重性抑郁和心境恶劣的终生患病率均为男性的 1.9 倍。

老年人抑郁症多见。某些老年群体的抑郁症发生率高于一般老年人,比如在躯体疾病负担更重的老年人中,抑郁症更常见,包括生活在辅助生活机构或专业护理机构中、接受家庭医疗保健以及存在一系列急、慢性躯体疾病的老年患者。

学生抑郁症很常见,患病率为 23.8%。WHO 曾提出,1/4 的中国大学生承认有过抑郁症状。2019 年 7 月 24 日,中国青年报在微博上调查大学生抑郁症的情况,30 多万的投票中超过两成的大学生认为自己存在严重的抑郁倾向。

患病人群抑郁症更多见。恶性肿瘤,男、女性生殖器官摘除术后,内分泌疾病、发作性心脑血管疾病、截肢截瘫、重要脏器功能衰竭、预后严重的慢性躯体疾病、性传播疾病患者,更容易发生抑郁症。

遭受突发生活事件打击的人抑郁症较多,如亲人亡故、突然失业、严重车祸、房贷偿还的经济压力大等,都会引发抑郁症。

抑郁症严重损害人的劳动能力，严重影响人们的工作效率、人际交往以及日常生活，并且约 15% 的抑郁症患者最终自杀身亡。

2019 年 4 月 22 日，湖南一位 30 岁的妈妈，带着 4 个月的女儿，跳楼身亡。相隔一天，2019 年 4 月 24 日，四川一位妈妈，带着三个孩子跳河身亡，留下遗书："每天都处在崩溃的边缘"。

二、什么是抑郁症

（一）抑郁症的概念

♥ 抑郁症的定义

抑郁症是以情绪异常低落为主要表现的精神疾病，是一组疾病的总称。这句话的意思是说，抑郁症包括很多疾病，而且是很多症状群的不同组合，而不仅仅是一种疾病。

因此，本书如无特别注明，抑郁症即指所有的、广义的抑郁症。

狭义的抑郁症，根据美国的分类标准，叫做重性抑郁障碍，也称为重性抑郁症。重性抑郁障碍，又可再次分为轻度、中度和重度发作。所以，这个重性抑郁障碍，代表的是一部分抑郁症，而其中的重度发作，就是大家耳熟能详的典型抑郁症。

♥ 典型抑郁症表现

典型抑郁症症状有三：情绪抑郁，言语减少，行动缓慢。

下列症状也比较常见：自杀想法或行动，食欲减退，体重减轻，睡眠障碍（特别是早醒），疲乏，困倦，精力不足，性欲减退，阳痿或闭经，焦虑紧张、坐立不安，责备自己、觉得自己有罪，怀疑自己得了大病，有时可感到自身发生特殊的改变，丧失了与他人的情感共鸣或不能产生正常的情绪或感受（就是没有了喜、怒、哀、乐），犹豫不决和强迫自己重复做一些事情，可以出现幻觉。患者的上述症状，多数在早晨或上午比较严重而下午以后减轻。

虽每次发作大多数可以缓解，但是常反复发作，病程迁延不愈，部分患者可残留症状或转为慢性，严重损害其社会功能。

♥ 抑郁症与正常情绪低落的区别

1. 抑郁症在程度和性质上超越了正常变化的界限，常有强烈的自杀意向。

2. 抑郁症可具有自主神经功能失调或身体伴随表现，如早醒、便秘、厌食、消瘦、性功能减退、精神萎靡、症状昼夜波动等。

3. 抑郁症往往还伴有精神病症状,如妄想、幻觉等。妄想,就是无中生有的想法;幻觉,就是五官能感受到不存在的东西。

4. 抑郁症与正常人因灾难性创伤境遇所致的忧伤心情也不同,后者一般不超过 6 ~ 10 周,心情可自然恢复正常。

正常的悲伤与重性抑郁障碍发作有时不容易区分。亲人亡故导致的悲伤,心灵上会产生巨大的痛苦,但一般不会导致重性抑郁障碍发作。当重性抑郁障碍和伤心同时出现时,抑郁症状和功能损害比单纯的伤心更为严重,预后更差。伤心同时伴发抑郁症,大多发生在容易患抑郁症的人群中,抗抑郁药治疗可恢复健康。临床上,往往发现失去亲人是引发抑郁症的因素,连续数月心情不好,这时就要小心,看看是不是患了抑郁症。有时候,临床上也无法区分失去亲人的悲伤和轻度的抑郁症。

(二)抑郁症的分类

♥ 精神疾病的分类目的和原则

分类学是各门科学发展的基础,疾病的分类与疾病的命名、诊断、鉴别诊断以及制定治疗计划密切相关。精神疾病诊断标准的制定与分类学原则的制定,对促进学科的发展,具有划时代的重大意义,可以促进国际不同学术流派相互交流,有助于教学方案与教学计划的趋同,有利于制定正确的治疗方案,有利于预测不同的疗效与预后,探索不同的病因。

精神障碍分类的目的是按一定的分类学原则,将全部精神疾病,分门别类地纳入一个分类系统中,使每一个精神疾病都有一个位置,也只有一个位置,既无交叉重叠,又无遗漏缺位。

精神障碍分类的原则遵照病因学分类原则和症状学分类原则。

♥ 抑郁症的临床习惯分类

抑郁症的分类,按照不同的角度,很复杂。有的分类早已不用;有的分类临床习惯使用,或是人们的俗称,却没有列入到正式分类系统。按人群分类,有儿童抑郁症、青少年抑郁症、老年抑郁症,妇女有孕期抑郁症、产后抑郁症和更年期抑郁症。按程度分类有轻度、中度和重度抑郁症,这些分类都是社会上人们常听到的叫法。从专业角度,有内源性和反应性抑郁症、原发性和继发性抑郁症、精神病性和神经症性抑郁症、冬季抑郁症和隐匿性抑郁症、单相抑郁症和双相情感障碍等。

♥ 抑郁症的国际分类

WHO 组织编写的《国际疾病分类》第 11 版(ICD-11)基本上遵循病因学分类和症状学分类兼顾的原则。

在 ICD-11 中,抑郁症包括单次发作的抑郁障碍、复发性抑郁障碍、心境恶劣障碍以及混合性抑郁和焦虑障碍,与躁狂发作、轻躁狂发作和混合发作共同归在心境障碍类别下。国际分类简单,也符合临床实践和历史概念演变。事实上,目前也无法做到精确、科学地分类。

♥ 美国的抑郁症分类

美国的《精神障碍诊断与统计手册》第 5 版(DSM-5)分类,主要按照症状学分类原则,包括破坏性心境失调障碍、重性抑郁障碍(包含重性抑郁发作)、持续性抑郁障碍、经前期烦躁障碍、物质／药物所致的抑郁障碍、由于其他躯体疾病所致的抑郁障碍、其他特定和未特定的抑郁障碍。其中,重性抑郁障碍的重度抑郁发作,就是典型的抑郁症。

(三)抑郁症的诊断标准

美国的抑郁症诊断标准有具体的条目,临床研究也是遵照美国的抑郁症诊断标准,因此,此处仅介绍美国的标准。

美国 DSM-5 中列出重性抑郁障碍诊断标准如下。

1. 在同样的 2 周时期内,出现 5 个或以上下列症状,表现出与先前相比功能有显著的变化,其中至少有一项是心境抑

郁或丧失兴趣／愉快感。（注。不包括那些能够明确归因于其他躯体疾病的症状）

（1）几乎每天大部分时间心境抑郁，可以是主观体验（例如感到悲伤、空虚、无望），也可以是他人的观察（例如流泪）（注。儿童和青少年，可能表现为心境易激惹）。

（2）几乎每天或每天的大部分时间，所有或几乎所有的活动兴趣、乐趣明显减少（既可以是主观体验，也可以是他人的观察）。

（3）在没有节食的情况下，体重明显减轻或体重增加（例如，1个月内体重变化超过原体重的5%），或几乎每天进食量减退或增加（注。儿童则可表现为未达到应增体重）。

（4）几乎每天失眠或睡眠过多。

（5）几乎每天精神运动性激越或迟滞（由他人观察所见，而不仅仅是主观体验到的坐立不安或迟钝）。

（6）几乎每天疲劳或精力不足。

（7）几乎每天感到自己毫无价值，或过分地、不恰当地感到内疚（可达到妄想的程度，并不仅仅是因为患病而自责或内疚）。

（8）几乎每天存在思考或注意力集中能力的减退或犹豫不决（既可以是主观体验，也可以是他人的观察）。

（9）反复出现死亡的想法（而不仅仅是恐惧死亡），反复出现没有特定计划的自杀观念，或有某种自杀企图，或有某种实施自杀的特定计划。

2. 这些症状引起有临床意义的痛苦，或导致社会、职业或其他重要功能方面的损害。

3. 这些症状不能归因于某种物质的生理效应或其他躯体疾病。

（四）抑郁症发展简史

抑郁情绪始终与人类共存。最早抑郁症以"忧郁"一词见于公元前2600年古埃及文献记载，古希腊希波克拉底提出黑胆汁体质产生忧郁，大约公元120年阿雷特乌斯第一个发现了躁狂和忧郁的关系。到了19世纪，法国人法雷使用"循环性精神病"描述抑郁症。因此，抑郁症包含在躁狂抑郁症中。

按照近些年的研究进展以及临床经验，伴有精神运动性激越的抑郁症，都属于双相情感障碍，就是带有躁狂发作的，简称躁郁症。

躁狂抑郁症，是德国精神医学家克雷佩林发现的。

法国和德国医学家的贡献奠定了躁狂抑郁症的现代科学分类基础。

1854 年，法国人法雷观察到忧郁状态与躁狂状态可以在同一患者反复交替发生，而提出循环性精神病的概念。后来法国人柏拉格将这种发作定名为双相性精神病。1882 年，德国人卡尔·鲍姆认为躁狂状态与抑郁状态并非两个独立的疾病，而是同一疾病的两个阶段。他将病理程度较轻的一类称为轻度循环性精神病，而将严重的、持久的一类称为循环型躁狂。1896 年，克雷佩林明确地指出躁狂状态和抑郁状态不论是单独出现或是在同一患者交替发生，它们之间总是十分相似的。他第一个提出了"躁狂抑郁症"这一病名，并作为一类独立的疾病，将其与精神分裂症（当时叫早发性痴呆）区别开来。因为，精神分裂症的病程是持续发展的，尽管临床表现可以和躁狂抑郁症有部分相似，尽管可以呈现发作性病程，却不会完全好转，而是发作性加重，从来不会恢复到得病以前的社会功能水平。

这些精神科先驱们发现，躁狂抑郁症是一种较严重的精神疾病，其特征是极端的情绪变化。典型的躁狂抑郁症患者心情可以从狂喜跌落到过度伤心,并呈周期性变化。当患者处于情绪低潮时期,他会显得很绝望和自卑,感到自己无药可救。他不愿做任何事,甚至包括起床。有些人可以连续睡上好几周。他们离群索居,同时也失去工作能力。当处于疯狂期时,患者似乎有无限的精力。他可以 24 小时或更久不需睡眠或休息,整日兴高采烈,并且容易激动,他们常常自我膨胀,不顾一切地表现自我,喋喋不休,疯狂购物、开快车、性滥交等。此症还可能与遗传有关,同时也受季节的影响,抑郁期多发生在秋、冬季,缓解期在春天,而夏天则表现为躁狂型。

躁狂抑郁症的其他症状还包括睡眠习惯改变、离群索居、极端悲观、做事虎头蛇尾、长期亢奋、突然发怒等。

(五)抑郁症发作中"波浪现象""阵雨现象""阵风现象""开关现象"的特点

抑郁症的发作会突然来临,事先毫无迹象。有些患者经常遭受这种周期侵袭,有些患者则数年才复发一次。患者在疯狂时期以外的时候似乎表现得相当正常。

对精神科先驱们的描述,可用"波浪现象""阵雨现象""阵风现象""开关现象"进一步解释。

"波浪现象":每一次的疾病发作,就像是一个波浪,是对躁狂抑郁症起病、缓解过程的总结。第一，患者起病时波浪会越来越大，缓解时会越来越小。就像江面上，一只大船由远而近时，大船造成的波浪会越来越大；而大船离岸远去时，波浪就会越来越小。如果疾病病情逐步加重，病情向坏的方向发展时，波浪就会越来越大，疾病就会越来越重，每次发作的持续时间也会越来越长，而且两次发作期间正常的间歇期会越来越短。此时，可能就需要住院治疗。第二，反之，如果疾病病情逐步缓解、向好的方面进展时，波浪就会越来越小，疾病的严重程度就会越来越轻，每次发作的持续时间也会越来越短，而且两次发作期间正常的间歇期会越来越长。此时，患者自己就说，几个月才出现一次，忍一下，一会儿就过去了，别人也看不出来，也不影响正常工作和学习。

"阵雨现象"：躁狂抑郁症患者起病的突然性和缓解的突然性，这种现象可总结为一个"阵雨现象"，就像夏天的雷阵雨，突然暴风雨来临，然后突然又雨过天晴。就像前面所说的"这种疯狂周期会突然来临，事先毫无迹象"。笔者又称呼这个现象"来无影去无踪""忽来忽去"，又称为"开关现象"。这个阵雨，下的时间可以很短，也可以时间很长，但是来去不打招呼，无法预测。患者自己说："莫名其妙"。有的家属会说患者"说翻脸就翻脸""翻脸不认人"。

《溪上遇雨(其二)》

〔唐〕崔道融

坐看黑云衔猛雨,喷洒前山此独晴。

忽惊云雨在头上,却是山前晚照明。

夏雨有夏雨的特点:来速疾,来势猛,雨脚不定。该诗用"忽惊""却是"作跌宕转折,写出夏雨的疾骤。诗人还通过"遇雨"者表情的变化,先是"坐看",继而"忽惊",侧面烘托出夏雨的瞬息变化难以意料,完全符合躁狂抑郁症的发作特点。

"阵风现象""开关现象":也可以说明躁狂抑郁症的发作特点。

《咏风》

〔唐〕王勃

肃肃凉风生,加我林壑清。

驱烟寻涧户,卷雾出山楹。

去来固无迹,动息如有情。

日落山水静,为君起松声。

其中诗句"去来固无迹,动息如有情",就可以形容躁狂抑郁症发作和缓解的突然性,非常符合"阵风现象""开关现象"的规律。

要注意的是,这种忽来忽去"阵雨现象"或"阵风现象"发作的患者,有相当一部分发作过后,不能完全回忆,提示可能是一种伴有意识障碍的谵妄性躁狂发作。

患者,女性,17岁,病程2年。其母早年有过短暂抑郁发作史。本次住院期间,每到晚上七八点钟,就表现为躁狂发作,或管闲事、帮忙做事,或是发脾气、摔东西、砸门等。次日查房,精神检查时,患者对前一天晚上的行为完全遗忘,接触被动,反应缓慢。但是在检查过程中,患者又会表现出意识突然好转,眼神灵活,回答问题流利,属于明显的谵妄特征。

当然,并不是每一个患者都符合这个规律。

一个出院患者来医院复诊,平时一直很好,也按时服药,在来医院途中的公交车上突然发病,在车上就突然给她丈夫两巴掌,然后还没有到医院的目的地就下了车。下车以后,又在车站牌旁边大、小便。缓解以后,患者对此毫无记忆。

另外,有一例患者,诊断为双相情感障碍。医生给他治疗8个月,病情一直没有缓解,全家人也很着急。在正月初二,患者起床以后,感觉到浑身轻松,心情突然好了,这8个月的抑郁心情一扫而光。患者非常感谢医生。医生和他讲,这是你病情的自然缓解,并不是医生给你治好的,是你自己好的。

临床中还发现，许多患者前几天还一直活蹦乱跳，整天正常说说笑笑，第二天早晨起床以后就突然不愿意动弹了，突然抑郁，不愿意说话了。事先没有精神刺激，毫无征兆，患者也不知道第二天为什么会突然抑郁起来。

无论是单相抑郁症还是双相情感障碍，抑郁症状治疗起来，起效的时间平均在 3 周以后。平时就和患者讲，你的抑郁情绪缓解可能要 3 周以后才开始见效，焦虑可能是 1 周之内见效，失眠可能这几天就会见效，但抑郁缓解的起效时间最快也要 3 周以后，时间特别慢。临床中发现，有的患者吃药以后三五天心情就好了，医生还怀疑是不是转为轻躁狂了，他自己说平时的心情就是这样的，像这种心情好得特别快的，可能是病程的自然终止，就是自然缓解。

有这样的患者，第一次好得特别快，治疗四五天就好了。以后又再次复发，治疗几个月才治好，患者本人也很纳闷儿，上一次好得那么快，怎么这一次治疗起来好得这么慢呢？他就不明白，其实第一次好不是医生治好的，可能是病情自然缓解的过程。

起病比较急的病例，要注意可能存在神志不清，就是意识障碍，专业叫"谵妄"。一部分双相情感障碍的混合发作患者病程发作常忽来忽去，治疗起效慢。整个过程中会出现"波浪现象"。就是说，混合发作类型的抑郁症治疗过程中，会存在"波浪现象"和"阵雨现象"。

（六）美国标准的临床类型

抑郁症表现形式多，DSM-5 还根据抑郁症不同患者或不同时期突出的临床表现，列出了具有以下几个特征的典型抑郁症。

♥ 伴有焦虑、痛苦的抑郁症

焦虑、痛苦定义为，在严重抑郁发作或持续性抑郁症（心境恶劣）的大部分时间内，至少出现以下症状中的两个：激动、紧张、罕见的坐立不安、因苦恼而走神儿、担心发生可怕的事情、个人会失控的感觉。

这一类型患者的感受特别痛苦，患者会描述"痛不欲生"，甚至会因此走向极端，结束自己的生命。而这一类型，又是治疗起效时间比较快、治疗效果比较好的临床类型，如果诊断、治疗正确，能挽救许多人的生命和家庭。

♥ 伴有混合特征的抑郁症

在重度抑郁发作的大多数日子中，几乎每天会出现至少 3 个下述躁狂 / 轻躁狂症状：情绪振奋、趾高气扬，自负、沾沾自喜，比平时健谈、滔滔不绝,想法飞快或主观上体会到思想在赛跑,精力充沛或要干的事增多,过分参与带来痛苦后果的活动(如愚蠢的生意投资),睡眠需要减少(不止是睡眠比平时少,而是需要休息的感觉减少,与失眠不同)。

对于症状符合躁狂或轻躁狂全部标准的患者,诊断应为双相情感障碍Ⅰ型(带有躁狂发作)或双相情感障碍Ⅱ型(带有轻躁狂发作)(杜奈在1976年提出),临床中发现,这两种类型可以互相转换。杜奈在1974年提出了快速循环型躁狂抑郁症,就是每年至少反反复复发作4次以上。该类型,相当一部分,可能是药物诱发的。

♥ 伴有忧郁特征的抑郁症是最经典的抑郁症表现

1. 在当前发作最严重阶段出现以下情况之一

√对全部或几乎全部活动失去兴趣。

√对平时令人快乐的、令人鼓舞的事情缺乏反应。

2. 有下列三条或以上症状

√抑郁情绪明确无误,以极度的灰心丧气、绝望,或以所谓的空虚心情为特征。

√抑郁情绪常规在早晨更差。

√清晨醒来时间比平时至少早 2 小时。

√明显的精神运动性激越或迟钝。

√极度的厌食或体重减轻。

√过分或不适当的内疚。

💙 **伴有不典型特征的抑郁症**

该标准适用于这些特征在当前或最近的严重抑郁发作或持续性抑郁症的大多数日子中占主导地位时。

1. 情绪活动相反（对实际上或可能乐观的事情感到心情愉快）。

2. 有下列两条及以上症状。

√明显的体重增加或食欲增加。

√嗜睡。

√沉重无力（例如，上肢或下肢沉重的感觉）。

√人与人之间长期的疏远方式，导致严重的社会或职业损害（不限于情绪活动紊乱发作时）。

♥ 伴有心境协调的精神病性特征的抑郁症

全部妄想和幻觉内容与患者的缺点、罪过、疾病、死亡、虚无妄想或罪有应得的典型抑郁主题一致。

♥ 伴有心境不协调的精神病性特征的抑郁症

妄想和幻觉内容与患者的缺点、罪过、疾病、死亡、虚无妄想或罪有应得的典型抑郁主题无关，或内容是与心境协调或不协调主题的混合状态。

♥ 伴紧张症的抑郁症

紧张症，就是浑身肌肉紧张，长时间保持一个姿势不动。

♥ 围产期起病的抑郁症

该标准适用于当前的抑郁发作，或者如果不符合严重抑郁发作的全部标准，如果孕妇在怀孕期间或产后 4 周内出现情绪症状发作，也可适用。

♥ 伴季节性模式的抑郁症（仅用于反复发作类型）

重度抑郁症中重度抑郁发作的起病和一年中特定时间（例如，在秋季或冬季）有定期的关系。

（七）单相抑郁症 / 双相情感障碍和躁狂抑郁症连续谱

临床实践中，抑郁症表现并不是都符合上述几种特征。

抑郁症临床表现形式和病程复杂多变，所以分类复杂。根据发病过程中是否出现躁狂发作或特征，可以分为两大类，即单相抑郁症和双相情感障碍，首先由李哈德在 1959 年提出，以后在临床和研究中广为使用。单相抑郁症与双相情感障碍，对医生来讲，最大的临床价值，在于治疗原则不同。

有学者认为，这里提出的概念，不过是一个抑郁症连续谱系的两极，两极抑郁和躁狂表现的区别较为明确，而居中的各个位点之间则区别不显著，甚至无法区分，甚至在不同的发病时期就会有不同的临床表现。有专家认为无法区分，就称为抑郁躁狂混合状态，而且临床混合状态不少见，大多误诊为精神分裂症、歇斯底里或带有幻觉妄想的躁狂抑郁症。如果从这个角度看，抑郁症是一大类临床表现形态各异但又差不多的疾病，就很容易理解了。

三、抑郁症误诊的主要原因

（一）抑郁症可以出现严重的身体不适

抑郁症在典型症状的基础上，出现其他各种不同的伴随表现，形成了各种不同表现的抑郁症（中医中就形成了各种辨证类型），会导致患者误以为得了其他身体疾病而到综合医院各科就诊,有可能误诊误治。

抑郁症就诊的原因,多是身体上的各种不适,有研究发现,恶心或胃部不舒服(67.2%)最常见,其他症状少见,依次为:咽部不适(6.3%)、肌肉酸痛(5.6%)、腰痛(5.3%)、身体无力(4.6%)、思维离奇(3.8%)、胸痛(2.5%)、胸闷(1.2%)、头痛(1.1%)、头晕或昏倒(0.9%)、发冷或发热(0.8%)、发麻或刺痛(0.7%)。

(二)抑郁症患者首次就诊都是到综合性医院

♥ 抑郁症患者常看病的科室

有人统计某综合医院 5754 例抑郁症患者,首先看病的科室,消化内科最多(20.4%),其次为心血管内科(13.4%)、神经内科(11.3%)、呼吸科(11.2%)、内分泌科(10.8%)、外科(10.7%)、风湿科(8.9%)、疼痛科(7.8%)、其他科(0.2%),而先到精神科看病的才 5.3%。

杨祥云等对北京市综合医院门诊成年看病患者身体不适研究发现,到北京朝阳医院、北京安贞医院、北京同仁医院的神经内科、心血管内科、消化内科门诊就诊的 1497 例抑郁症患者中,32.67%患者有身体不适,其中消化内科最多(37.74%),其次是神经内科(31.25%)、心血管内科(28.81%)。

💙 抑郁症误诊的各种诊断名称

约85%的心理疾病患者首先到综合性医院就诊,综合性医院中至少有1/3患者属于精神卫生问题或伴有精神障碍。某综合医院消化科发现,在抑郁症确诊前,给予患者各种非精神科诊断名称,最常见的是慢性胃肠炎(22.4%),其次为自主神经功能失调(14.7%)、更年期综合征(12.3%)、神经衰弱(11.2%)、冠心病(10.4%)、风湿/类风湿病(5.7%)、乳腺增生(4.8%)、胆囊炎(4.3%)、阑尾炎(3.8%)、其他(3.2%),而心理障碍很少(7.2%)。

💙 抑郁症患者身体不适的特点

抑郁症患者身体不适各有特点。出现频率较多(前5位)的症状为:感到疲劳或无精打采,睡眠有问题或烦恼,一阵一阵的虚弱感,恶心、排气或消化不良、头晕。

退休患者的疼痛症状(如背痛、胳膊痛、腿或关节疼痛)多见。无固定职业者的消化系统症状(便秘、肠道不舒适、腹泻,恶心、排气或消化不良)多见。初诊患者背痛多见。复诊患者胳膊、腿或关节疼痛,胸痛,睡眠有问题或烦恼多见。

女性较男性具有更多的躯体症状,多表现为疲乏、睡眠问题、眩晕等非特异性症状。

有抑郁情绪的患者躯体症状就多；躯体症状越严重，抑郁情绪越严重。此时要注意的是，患者往往解释抑郁情绪就是因为身体不好造成的。逻辑上，倒果为因。各科看病的症状表现，当然是各科的常见症状。针对这些症状进行检查时却常找不到明确的原因。

由此可见，绝大多数抑郁症患者，到医院看病，都走了弯路。

鉴于此，杨德森教授曾说，心境恶劣与抑郁症可伴发于多种慢性疾病，其及时识别与恰当处理有利于躯体疾病的预防与康复。躯体疾病给患者带来的精神痛苦、焦虑、抑郁与应激性反应，容易被忽视，不能获得及时的精神科会诊或心理医师的咨询与治疗。医学的纯生物学化、纯机械化和自动程序化处理的缺陷日益显露，这种缺少人性化或人道主义关怀，不够尊重患者的人格、知情权、精神生活质量的状况，必须转变。

（三）儿童/青少年抑郁症首次就诊也是综合性医院

儿童/青少年抑郁症还常常伴有更多的躯体不适，如频繁头痛或胃痛。深陷抑郁症的儿童/青少年还可能尝试饮酒或使用其他药物，从而让自己感觉好一些。因此，儿童/青少年抑郁症初次发病首诊途径，大多数也是（71.3%）先看非精神科门诊，诊断基本上都是自主神经功能失调、神经性头痛，看病的原因主要是身体各种不适，可以有十几个不舒服的感觉症状。

特别是早期,在情绪低落、回避社交、活动减少的同时,都有各种身体症状、睡眠不好,其他就是学习成绩下降(97%)、家庭冲突、师生冲突、易发脾气(62%)、自杀企图或行为(18%)及倦怠疲乏、没有精力(9%)。

正是因为这些身体不适,成为突出的临床表现,造成患者痛苦,掩盖了情绪低落。甚至患者自己解释为身体不适,才造成情绪悲观,对治疗失去信心。于是,造成临床诊断五花八门,误诊误治,病情久治不愈,花钱不少,耽误治疗,影响生活、工作和学习,甚至影响一生。

(四)身体不适抑郁症患者按双相情感障碍治疗效果较好

根据经验,对于身体不适的抑郁症患者,按双相情感障碍治疗,效果较好。一位 60 岁男性患者,因为腹泻 14 年而四处求诊消化科,久治不愈。作者采用双相情感障碍的治疗策略,第 4 天腹泻停止。半年后,保留抗焦虑药物,停用碳酸锂药片,患者又腹泻,再加用碳酸锂,泄止。另一位男性患者,44 岁,因头晕 1 年就诊。伴汗多、鼻子发干,阵发性心跳加快、血压升高达 160/90 mmHg,遇到事情加重,其妹妹有抑郁症。他曾反复到神经内科、心血管内科、耳鼻喉科、骨科和中医科就诊,治疗无效。来诊时说心情不好,贝克抑郁自评问卷评分 15 分,症状自评量表(Scl-90)评定 140 分。按双相情感障碍治疗,1 个月后好转。

双相情感障碍，是在患者个人、家族或整个疾病过程中，具有超出单相抑郁症所没有的、而双相情感障碍具备的特征，如兴奋狂躁的特征，虽然情绪低落，但是说话、行动不是随着抑郁情绪出现说话少、反应慢、懒惰等，而是还有说话多、反应快、闲不着、有精神头等。但是，双相情感障碍在抑郁发作时，同样也可以出现程度较严重的重性抑郁发作。这一类型，临床上最容易误诊为其他疾病。

有一位画家患者诉说，在作画过程中，自己会体验到心情特别轻松愉快，也就十几秒的时间，很快就又转为心情失落状态，但是别人看不出来。

还有一位 20 多岁的双相情感障碍患者住院治疗，诉说自己心情最近几天有波动，时好时坏，自己努力克制，所以表情根本看不出来。室友和医生都说患者很安静，病情稳定。

曾经有一位大学生患者，诊断单相抑郁，治疗数月不好转。询问病史，也没有明显的躁狂表现。后来就问患者同学们有没有发现他和平时有什么不一样的。患者说同学们有时候说他眼睛有精神，但是时间不长，一会儿又无精打采了。后来加用碳酸锂药物后，病情逐渐好转。

（五）单相抑郁症／双相情感障碍的区别以及双相情感障碍谱系疾病

双相情感障碍容易误诊为单相抑郁症或其他疾病，国外误诊时间平均 10 年。有的研究发现，第一次得病就表现为抑郁发作的单相抑郁症患者，跟踪研究 15 年后，其中 40% 出现了兴奋狂躁表现而变成了双相情感障碍。而且，大多数双相情感障碍第一次发病时的表现，就是抑郁发作。因此，此时就很容易把双相情感障碍误诊为单相抑郁症。

双相情感障碍较单相抑郁症容易复发。双相情感障碍发作持续时间较短，单相抑郁症复发的间歇期比较长，发作持续时间亦比较长。双相情感障碍平均住院次数较单相抑郁症多。

所以，近些年研究认为，第一次得病来医院就诊的单相抑郁症，如果病程"波动""不稳定"，并且具有下述特征，应该诊断为双相情感障碍。

1. 发病年龄 < 25 岁。病程中出现过明显狂躁表现的双相情感障碍 I 型发病年龄平均为 18 岁，病程中出现过轻微狂躁表现的双相情感障碍 II 型发病年龄平均为 21.7 岁，而单相抑郁发病年龄平均为 26.5 岁。

2. 发作时情绪不稳定，波动大。无法估计何时发作的抑郁、焦虑、欣快、烦躁不安、紧张、运动性不安、易怒、冲动、愤怒甚至狂暴无法自控等多种情绪，发作短暂，一般持续数小时或 1 ~ 2 天，有的只有几分钟。

3. 抑郁发作还伴有不典型特征：食欲亢进，体重增加，睡眠过多，身体疲乏无力，短暂的高兴心情，伴有幻觉和妄想、各类焦虑，如紧张害怕、强迫自己做事情或考虑事情、濒临死亡的感觉等，在月经期间烦躁、带有演员表演色彩的癔症样烦躁。

4. 抑郁症频繁发作：频繁发作（1 年内抑郁发作 >4 次）、发病急、好得快。抑郁发作具有季节性等。

5. 抗抑郁治疗后转变成躁狂发作，或者抑郁症治疗效果不好。

6. 家族中有双相情感障碍的患者。

7. 发病前性格表现为情绪郁郁寡欢、精力旺盛、情绪忽高忽低、脾气大。

8. 长期空虚无聊再加上短暂的火暴脾气，甚至可能出现幻觉、妄想，专业名称为边缘性人格障碍。

9. 病程中出现过心烦、焦虑、沮丧、易怒，做事冲动、缺乏理智、自控能力下降、活动多、脑子停不下来等。

国内一些权威专家，20 多年前就开始撰文呼吁要注重从单相抑郁症中筛选出双相情感障碍,并强调重视双相情感障碍的鉴别诊断。

造成单相抑郁症/双相情感障碍误诊的原因,还有一个,就是抑郁症中有轻度的躁狂表现看不出来,因为临床症状并不典型。《上海精神医学》刊登了方贻儒教授翻译的哈尼图什提出轻躁狂的临床特征如下。

1. 睡眠少、动力足、精力旺。

2. 非常自信,工作动机增强。

3. 社会活动增多,体力活动增多,计划多、想法多。

4. 不害羞、不压抑,比平常话多,极端高兴的心境、过度乐观,玩笑和打闹多、笑声多,思路快。

5. 旅行多、花钱多、乱购物,愚蠢的商业行为或投资,好冲动、不耐心,开车鲁莽,注意力容易被转移。

6. 性欲增强、对性的兴趣增加,喝咖啡和吸烟增多,饮酒增多和吸毒等。

因此,如果单相抑郁症有过上述轻躁狂表现,就应该诊断为双相情感障碍。

上述双相情感障碍所包含的疾病类型,已经远远超出了克雷佩林躁狂抑郁症的概念,内容更多,界限更广,涉及不同症状群的排列组合、性格特点、家族史、合并其他精神疾病症状、严重程度、发作形式以及治疗效果、预后转归等,已经构成多个"谱系",就是一大家族。谱系的两端,各为单相抑郁和双相情感障碍,在两端的中间部分,包含着带有各种不同特征的症状群,部分患者的临床表现不典型,也具有不同的临床效果和预后转归。

这大概就是现在广义的"双相情感障碍谱系疾病",包括以下几点。①真性双相心境障碍。②持续性心境障碍:环性心境障碍、心境恶劣。③特征性抑郁:精神病性症状(有幻觉、妄想)、非典型抑郁、自杀、生物症状多(身体不适表现),发作性、节律性明显。④临床下抑郁:亚综合征症状性抑郁、反复发作的短暂性抑郁,即阈下抑郁。阈下抑郁是指那些情绪低落,但临床抑郁症状并不突出,常常表现为各种躯体不适症状,因此这种疾病十分容易被人们忽略;实际上,就是各种躯体不适突出,掩盖了抑郁情绪。⑤素质性抑郁:边缘性人格障碍、环性人格障碍、A型行为。⑥背景性抑郁:家族史阳性(双相情感障碍、抑郁症、自杀、相关人格障碍)。⑦药物性抑郁:非抗抑郁药物引起的抑郁史。⑧时期性抑郁:月经相关性心境障碍、产后抑郁。⑨相关因素性抑郁:发病年龄早、女性、外向个性。⑩单相抑郁。⑪分裂情感性抑郁。

边缘性人格障碍:除了一些情绪不稳及缺乏控制冲动行为的特征之外,患者的自我形象、目的及内心的偏好(包括性偏好)常常是模糊不清或扭曲的,缺乏持久的自我同一性;他们通常有持续的空虚感。人际关系时好时坏,要么与人关系极好,要么极坏,几乎没有持久的朋友;这种强烈及不稳定的人际关系,可能会导致连续的情感危机,并可能伴有一连串的自杀威胁或自伤行为(这些情况也可能在没有任何明显促发因素的情况下发生)。边缘型人格障碍有时会出现短暂的、应激性的精神病性症状,一般比较轻微,历时短暂,容易被忽视,多发生在频繁的真实或想象的被抛弃的恐惧中,持续几分钟到几小时,对自己和周围感到虚无缥缈,犹如雾里看花。边缘型人格障碍容易误诊为精神分裂症,两种都属于双相谱系疾病。

环性人格障碍:属于具有好发躁狂抑郁症的易感素质,即属于躁狂抑郁性格,有活泼、兴致高、多言善辩、爱交际、热心急躁的类躁狂性格;安静含蓄、易灰心丧气、自卑、逆来顺受、缺乏勇气的类忧郁性格;周期波动于两极之间的环型性格。实际上,就是程度较轻的躁狂抑郁症。因为正常的情绪波动和环性人格障碍,以及环性人格障碍和明确的躁狂抑郁症中间的界限,有时也无法明确,所以,才有了双相谱系之说。环性人格障碍,不仅可见于后来发病的双相情感障碍患者,亦见于患者的近亲之中，他们可以具有此种性格而终身并不发病。

A 型行为：是美国加州心脏病专家弗里德曼和罗斯曼于 1970 年提出的，其基本行为特征为竞争意识强、对他人敌意、过分抱负、易紧张和冲动等。

分裂情感性抑郁：包括精神分裂症症状和躁狂抑郁症症状，也是个大杂烩，由卡萨尼在 1933 年提出。如果根据急性起病、缓解完全的特点，恐怕还属于躁狂抑郁症范围。

个人的临床实践中，双相情感障碍谱系疾病，除了单相抑郁症外，其他形形色色的类型，基本上都可诊断双相情感障碍抑郁发作，遵循双相情感障碍治疗原则，大多数能获得较好的治疗效果。

实际上，美国的分类中，重性抑郁发作中标注各种临床特征的抑郁发作状态，如果按照这个广义的双相情感障碍谱系疾病的观点，基本上都属于双相情感障碍中的抑郁发作。因此，单相抑郁症是非常少见的一种类型。作者也在临床中发现，每年逾 6000 的门诊人次，基本上都是双相情感障碍。印象中，仅有 2 例诊断为持续性抑郁症，而持续性抑郁症，ICD-10 称为恶劣心境，仍然是双相谱系中的疾病。

四、抑郁症误诊误治导致死亡率上升

（一）抑郁症隐藏很深

抑郁症，也是隐藏很深的疾病，调查显示抑郁症的患病率呈上升趋势。1982 年，我国的调查显示抑郁症患病率约为 1%，到了 2019 年我国抑郁症终身患病率达 6.9%，这个数据接近美国每年的患病率 7%。但是到医院看病、接受治疗的不到 10%，说明大部分抑郁症不就诊或被漏诊、误诊。

大部分抑郁症被漏诊、误诊的原因主要是：抑郁症患者得了病以后，首先到综合医院看病，而不是到精神专科医院看病。大约 2/3 抑郁症不看精神科，因为不知道得了抑郁症，或者是怕被人歧视。青少年抑郁症初次发病时，临床早期特征几乎都会有突出的失眠、头痛头晕、疲乏无力等各种身体不适，所以就会首先到综合医院看内科、外科、风湿科、疼痛科、中医科等，医生下了一些躯体疾病的诊断，如慢性胃肠炎、自主神经功能失调、神经衰弱、风湿 / 类风湿病等，而忽视了沮丧失望、情绪低落、回避社交、活动减少、疲乏倦怠、没有精力、学习成绩下降，甚至家庭冲突、师生冲突、易激惹、自杀企图或行为，而这些都是抑郁症的表现。综合性医院抑郁症正确识别率很低（13.5% ~ 21%）。

另外，抑郁症患者也确实会增加得其他疾病的概率。至少 10% 以上的抑郁症合并头痛、哮喘、甲状腺疾病、骨关节疾病和代谢疾病，得心血管疾病的风险更大。据报道，在 65 岁以上的人群中，与抑郁程度较轻的患者相比，抑郁程度较重的患者得冠心病的风险增加 40%，死亡风险增加 60%。

这些原因，导致患者反复到综合医院就诊，治疗效果差，患者也失去信心，使抑郁症病情加重，更容易轻生身亡。

（二）抑郁症增加死亡率

自杀是重度抑郁症死亡的主要原因，一项长期被广泛引用的分析指出，有 15% 的重度抑郁症患者自杀。在抑郁症患者中，下列因素所致自杀风险较高：男性、离婚、丧偶、年龄较大、失业或酗酒、未得到有效治疗者等。此外，抑郁会改变免疫功能，导致对疾病的易感性增加，从而导致死亡率增加。

另外，抑郁症也会增加猝死的风险，因此，抑郁症又叫"碎心综合征"。得心脏病的人容易得抑郁症，得抑郁症的人容易猝死，这就是现在"双心医学"的研究内容。

五、抑郁症危害越来越大

根据世界卫生组织研究，1990—2010 年 25 种常见疾病导致的疾病负担（指因过早死亡或残疾而丧失健康生命年数的总和，数值越大越严重,0 代表健康,1 代表死亡)排名,单相抑郁症一直名列第二位。2015 年,单相抑郁症已经位居全球非致命性疾病负担首位。同时,因为抑郁症失去社会功能,将成为所有疾病负担中仅次于心血管疾病的第二大疾病。

一个人得了抑郁症,会影响一生的事业,影响成家立业,将会出现白发老人带着子女到精神卫生机构看病的现象。许多家庭可能会因病致贫、因病返贫,甚至出现因为看不起病而长期用铁链条把患者锁在牛、羊圈里的现象。

所以,南怀瑾先生说,19 世纪威胁人类最大的疾病是肺病,20 世纪威胁人类最大的疾病是癌症,21 世纪威胁人类最大的疾病就是精神病。

抑郁症,已经是当今世界的心灵感冒、心灵癌症。

第二节

有些人为什么容易伤心落泪

一、心情失落是人的正常心理活动

人非草木,孰能无情。情绪的改变,人皆有之;欢喜、悲哀、愤怒、恐惧,在外界刺激下,总是在一定范围内波动。人生不可能一帆风顺,故老年丧子之悲哀,竞技得胜之喜悦,一般说来,都是正常现象,由重大伤害性精神刺激引起的悲哀反应也是正常的心理过程。一旦遇到伤心事,伤心流泪总是难免的,但是,伤心过久,悲哀反应时间过长,或反应过度,或无事也伤心,就有可能是得了抑郁症。

悲哀心情是每个人都可能经历的抑郁反应,比如在亲人亡故的居丧场合下,此种悲哀心情可以认为是正常现象,可能伴有失眠、食欲减退、体重减轻等身体症状,并会因身体症状而求医。但悲哀心情之下,一般不出现抑郁症中的自卑、自责、自罪感,也无自杀意念。如果出现此类症状的话,也只限于后悔没有为亡故者做什么事情,或者说自己愿意与亡故者一起走等。如果此种悲哀心情持续时间过长,反应程度过重,例如,1个月后仍不愿料理个人日常生活事务,明显的脸色暗淡、面容憔悴、无精打采、乏力懒惰、后悔内疚,就要医生诊断是不是得了抑郁症。

二、容易无故伤心落泪就是心情抑郁了

《红楼梦》第三回,"贾雨村夤缘复旧职,林黛玉抛父进京都"章节说到,宝玉第一次见到黛玉,因为黛玉说没有玉,气得宝玉把戴在项间的通灵宝玉摔了。当晚,袭人悄悄进来笑问黛玉姑娘怎么还不去安息? 鹦哥笑道:"林姑娘正在这里伤心,自己淌眼抹泪的,说:'今儿才来,就惹出你家哥儿的狂病,倘或摔坏了那玉,岂不是因我之过!'"

宝玉摔玉,林黛玉伤心落泪,而且还怪自己惹的祸,这就是抑郁了,并且还有内疚自责的"揽错心理"。书中许多章节都有林黛玉伤心落泪的情景描写,大多是自作多情、无故伤心,所以,可以说林黛玉的心情经常处于郁郁寡欢的抑郁状态。

曾经有一位年轻的女性抑郁症患者,讲述说:"坐在那儿,啥原因也没有,眼泪哗哗地流"。

三、物质富足还会抑郁吗

林黛玉吃穿不愁,家中富有,但是仍然每天郁郁寡欢,经常无故伤心落泪。实际上,林黛玉尽管吃穿不愁,但是生活不幸福。其母

刚刚去世，便来到舅舅家生活，精神生活空虚贫乏，因此常常以泪洗面。

当代社会物质丰富，但满足不了人们越来越高的精神需求，又缺乏心理调节办法，同样面临着心理危机，就会出现精神问题，进入了"精神病时代"。学生为升学而奋斗，小学升初中，初中升高中，高中考大学，大学毕业后就业、考研，结婚贷款买房，千军万马过独木桥。真是压力巨大！公务员、教师、医生、公司职员、企业家、小商小贩、农民工，都在为生活、为事业打拼。人们的"工作压力"和"经济支出"，是生活压力的主要来源。

你越看重物质追求，就越容易抑郁。这虽然听上去有点儿像喊口号，但是科学实验已经证实了这个观点。所以，不愁吃，不愁喝，照样会出现精神问题，照样会得抑郁症。美国心理学家蒂姆·卡瑟曾经对这个问题反复进行研究。他先是调查了 300 多名学生，又评估了 140 名 18 岁青少年的心理状态，又到美国纽约州罗切斯特市调查了那里的 100 名居民，还对 200 个人进行了一项长期的跟踪研究。最后，所有的调查和研究结果都显示：人们越是看重物质，越是为了物质目标而奋斗，越容易焦虑和抑郁。后来，别的科学家在英国、丹麦、德国、印度、韩国、俄罗斯、罗马尼亚、澳大利亚及加拿大进行了类似的实验，结果都是一样的。

因为压力大，夜以继日工作，"白加黑、五加一"，屡见媒体关于过劳死的报道,其中不乏一些 30 多岁的年轻人,因为加薪升职提拔不如意,渐生抑郁,而经常看心理医生的人,也越来越多。虽然当代物质生活丰富,生活质量高,但是人的欲望和心理需求也与日俱增,更是加重了心理负担;而且,职场竞争激烈,相互戒备,人际关系紧张,精神得不到放松,精神生活相对贫乏,精神问题越来越突出,因为精神问题引发的各种暴力事件也越来越多,已经成为社会问题。

四、心情抑郁的人是什么样子

典型抑郁症的表现为"三低",专业上叫情绪低落、思维缓慢和意志减退,外表看起来就是忧伤、说话少而慢、懒惰乏力不愿动。不管什么样的抑郁症状,可能都包括这三件事,这是最基本的表现。所以,三件事对大多数抑郁症患者来说都很常见。《自然医学》杂志对 1200 名抑郁症患者进行了研究,97% 的抑郁症患者会因自己的情绪而挣扎:长期感到不快乐、没有希望或无人帮助;约 96%的抑郁症患者有所谓的"快感缺失症";94% 的抑郁症患者感到疲劳。

情绪,就是内心的感受,或者叫心情。情绪低落是抑郁症发病时的主要表现。中国著名情感障碍研究专家、湘雅二医院精神科沈其杰教授认为,情绪低落可以有忧伤、激越两种心情表现形式。

忧伤情绪，可从患者的面部表情、内心感受、诉说中反映出来。观察患者的表情，可以发现患者低头、目光向下、整个面部肌肉下垂、面部肌肉松弛，目光无神、无精打采，眼睛好长时间不眨，面无表情，或唉声叹气，久坐不动。有些抑郁症患者强作笑脸，看起来就像勉强挤出来的，虽然存在忧伤的内心感受，但在表情上习惯性的掩饰，称为"微笑性抑郁"。

患者自感心情不好，总是高兴不起来，常诉说"我感到不愉快，不高兴""没意思""啥都没兴趣""活着没意思，不如死了好"等。有些表达则较为含混不清，如不少抑郁症患者主动诉说感到心里不舒服，心里闷、心烦。还有些患者则以身体不适为主诉，不少患者有身体疼痛、疲乏、不适感，这些人会经常到非精神科看病。这类忧郁心情不明显而身体症状突出的患者称之为隐匿性（或等位性）抑郁。

典型抑郁症，病情常有晨重夜轻的特点，即情绪低落在早晨较为严重，而在傍晚可有所减轻。患者自己说"醒来刚一睁眼心情还行，一会儿就觉得心情差了"。少部分会中午或下午严重，个别患者没有规律。

激越情绪，不只是害怕、紧张、恐惧，患者对小小的挫折还具有易激惹性，即小事易怒，俗称"肝火旺"或"火气大"。患者感到精神紧张、不能放松自己，常伴有焦虑的身体症状，如心慌、坐立不安、忧心忡忡、手脚出汗、头部紧箍感、口干打嗝、消化不良等。

五、忧郁和抑郁是一回事吗

忧郁和抑郁，都是情绪悲伤的意思。

忧郁仅涉及心情方面，通俗称为忧郁症；而抑郁除了心情方面之外，还有思维和行动方面的全面压制，通俗称为抑郁症。

♥ ≡ HAPPY ≡

第二讲

心情抑郁了还会出现
别的心理不正常吗

第一节

心情抑郁时最基本的心理改变

不管你有什么样的抑郁症状,抑郁症可能都包括以下 3 种表现,这是最基本的表现。

一、心情不好

心情不好的人,外表看起来一副无精打采、垂头丧气或面无表情的样子,患者终日忧愁、沮丧、消沉,郁郁寡欢、长吁短叹、伤心落泪;患者感到不开心、闷闷不乐,凡事无兴趣,任何事都提不起精神,开心的事也无乐趣。患者参加活动的范围缩小,时间减少。原来很热情开朗的人变得很少出门,不主动与人交往,平时非常爱好的活动,如看足球比赛、打牌、种花草等,也觉得乏味,感到"心里有压抑感""高兴不起来";程度重的感到痛不欲生,悲观失望,或绝望看不到前途,毫无出路,甚至出现厌世念头。患者常诉说"心里难受""活着没有意思"等,绝望感被认为是自杀的重要危险因素。伴随而来的有工作中困难增多、注意力不集中、做事犹豫不决、工作效率下降,由于患者总是看到事物暗淡的一面,常把自己的工作、行为活动以及过去的生活都视为无价值、无意义。回顾过去,一事无成。想到将来，则感到前途无望，在悲观失望的基础上，常易产生孤立无援的感觉，常常认为家人不关心、不理解自己；对自己的现状缺乏改变的信心和决心，认为自己好不了了，对治疗消极、失去信心。

神经症性抑郁在这些无望、无助、无价值的基础上常把责任推向外界，较少有自己无用的感觉。

内源性抑郁则出现"揽错心理"，把责任归于自己，认为都是自己的不是，都是自己的过错，觉得自己连累了家人，活着只会给家人带来无尽的麻烦，继而产生无用、罪恶感。患者认为目前的状况是过去缺点、错误应得的惩罚，是自作自受，严重时可产生罪恶妄想。

部分患者可伴有紧张害怕、愁眉苦脸、过度担心等焦虑症状，严重者可出现坐立不安、搓手顿足等激越表现，会告诉你"浑身难受""度日如年，生不如死"，特别是更年期和老年人更明显。多数患者忧郁心情具有早晨重、下午轻的特点。

心情忧郁时，会产生无兴趣（对任何事不感兴趣）、无希望（前途没有希望）、无价值（自己做的事情没有意义）、无助（孤立无援、无人帮助）、无用（自己是废物）表现，即"五无"，有人认为是忧郁症最主要、最基本的症状表现。

二、不想说话

患者表现为每天说话少了,说话慢,声音也很小,好像有气无力的样子。自己说"感觉脑子好像是生锈了""脑子像糨糊一样开不动了"。如果患者以前是爱说、爱笑、开朗的性格,这个变化更容易被别人发现。因为脑力下降,反应迟钝,会造成工作能力下降和学习成绩下滑。

三、不想活动

患者常常对医生说"浑身没劲儿""腿拉不动""不愿意干活儿""掰三个玉米棒子就没劲儿了""油瓶子倒了都没劲儿去扶起来"。外表看起来,行动缓慢,生活被动、懒散、邋遢,会说"我也不要好了";不想做事,常独处一室、或呆坐不语、或整日卧床,回避社交,不愿出门,不愿见人,与家人也不交流,或对家人的呼唤无反应。严重时连吃、喝、个人卫生都不顾了,患者不语、不动、不食,像"木头人",专业上称为"抑郁性木僵"。

第二节

心情抑郁经常出现的改变

一、担心、害怕等焦虑症表现

患者出现莫名其妙的紧张不安、坐卧不宁、过度担心家人安全或个人健康，甚至表现出害怕恐惧的样子。身体可伴有一些其他方面的症状，如面色潮红、出汗多、血压升高、心跳加快、尿频、手抖等，以至于患者感到度日如年、生不如死。这也就是我们经常听到的焦虑的表现。部分患者为此感到浑身不适、难以名状的难受，甚至自残或轻生。

一个 20 多岁的抑郁症住院患者，非常紧张，蹲在房间一角的旮旯处，不敢回头看医生。另有一个抑郁症患者，中年女性，进入诊室后，就站在门口，不敢到医生面前，在丈夫鼓励下，还是不敢坐下。

焦虑障碍，包括创伤后应激、强迫症、恐怖症、惊恐发作和广泛性焦虑症等，是最常见的精神疾病，普通人群患病率约 15%，女性比男性多见。

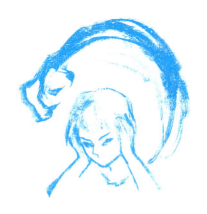

焦虑症也是抑郁症最常见的合并症,60% ~ 90% 的抑郁症患者合并焦虑症表现,而且会大大增加抑郁症自杀的风险。反过来,大约 40% 焦虑症患者在其一生中有过抑郁症发作;特别是广泛性焦虑症患者,90% 一生中可能至少合并一种其他精神疾病,其中以抑郁症最多见。

广泛性焦虑症,又称慢性焦虑症,是焦虑症最常见的表现形式,缓慢起病,患者有广泛性(不局限于任何特殊情境)和持续的紧张、不安或恐惧的内心体验,如期待性焦虑、担心(警醒水平增高,严重者有大祸临头、惶惶不可终日之感)和运动性不安(坐卧不宁,好比热锅上的蚂蚁),并表现出相应的自主神经功能失调,如心悸、胸闷、气短、出汗、尿频、震颤、眩晕、恶心、腹泻或肛门坠胀疼痛等各种身体不适表现。

惊恐发作,又称急性焦虑症。患者在日常生活中无特殊的恐惧性处境时,感到一种突如其来的惊恐体验,伴濒死感或失控感以及严重的自主神经功能失调症状。通常起病急骤,迅速终止,一般历时 5 ~ 20 分钟,很少超过 1 小时,但不久又可突然再发。发作期间相对正常,有预期性焦虑,担心下次再发。60% 的患者由于担心发病时得不到帮助而产生回避行为,比如不敢单独出门,不敢到人多热闹的场所,发展为场所恐怖症。

焦虑症状,不但会增加抑郁症患者抑郁发作次数、住院率及自杀企图风险,还会使患者因为各种身体不适表现严重掩盖了抑郁情绪而到综合医院就诊,是导致误诊误治的重要原因,临床医生、患者和家属要注意。

二、做事犹豫

患者表现为患得患失、犹豫不决、进退两难,一件小事儿也拿不定主意,无法决策。追求完美的人更容易出现这种现象。

三、不愿见人

患者可能因为乏力没劲儿，或是嫌乱，或是自卑，表现出回避社交，不愿出门，不愿见人，甚至不敢与人目光对视，老待在家里。看起来，外表邋遢，不知道打扮或化妆，不讲究卫生，家里也杂乱无序。

四、没有胃口

患者饭量减少，常说"不饿""没胃口""饿了也不想吃""吃了也不香""就像吃草，没有味道"，时间长了就会慢慢消瘦。

第三节

其他可以出现的改变

抑郁症多数有三低表现,即"忧伤、少语少动、少食",但是有些患者,还会有下列表现,并且往往掩盖忧郁症情绪忧伤的内心体验。这些表现出现,常常提示抑郁症患者可能是躁狂抑郁症类型。

一、火气大或者好生闷气

很多患者表现为激动易怒,可以是生闷气、火气大、愤怒,好发脾气,常因一点儿小事儿就大发雷霆,有时我们形容这样的情况说"火一点就着";有的则带有仇视、敌对的情绪特征,尤其当有反对意见时,可表现为突然地情绪暴发,打砸、辱骂,甚至更严重的破坏攻击行为。多见于抑郁症中躁狂症状和抑郁症状混合在一起同时发作阶段,或者是时而闷闷不乐,时而快乐愉悦,时而激动易怒,专业叫混合状态。在患者身上躁狂、抑郁表现都有,现在称为双相情感障碍,简称双相障碍。以前称为躁狂抑郁症,简称躁郁症,这个称呼更形象。

二、暴饮暴食

少部分抑郁症患者，饭量不但没有减少，反而会增加，特别是部分躁狂抑郁症抑郁状态（现在称为双相情感障碍抑郁发作），25% ～ 30% 的双相情感障碍患者同时也患有暴饮暴食症，其中年轻患者和女性患者更常见。部分原因是这两种疾病都与容易情绪冲动、行为失控有关。另外，在服用精神药物时也会出现，多见于服用丙戊酸钠（或丙戊酸镁）、部分抗精神病药（如奥氮平、氯氮平等）。患者说"胃口特别好""容易饥饿""就是想吃东西""体重噌噌地长"。

三、花钱多

花钱无度,盲目投资,挥霍钱财,乱购物,大多买些没用的东西,或者网上购买多件物品,但常常连包裹都不曾拆开,有时可能表现得乐善好施,购买大宗物品后随处分发派送。有一个中学生得了抑郁症,买了 100 多双鞋。有一个抑郁症歌唱家,一次买了 5 万元的商品捐给某公园。

四、活动多

部分抑郁症患者,尽管情绪忧伤,但是活动并不减少,整日忙忙碌碌而不觉疲劳,爱旅游、爱交际,喜欢往人堆里凑,常表现为"自来熟",能很快与初识的人打成一片。年老、体弱患者可能仅仅表现为说话重复絮叨,或在房间内走来走去、坐卧不安等,但是也有其他表现。一位退休老人,60多岁,早晨起来做早饭,饭后打扫卫生擦地,把四间大屋擦一遍,然后再出门去跳"街舞"。另一位退休老人,冬天06:00起床买早餐,回来后再出去买当天的蔬菜。这两位老人,都诊断为抑郁症,治疗效果一直不好。后来重新确诊为双相情感障碍,增加情绪稳定剂后,病情才慢慢地好转稳定。

五、行为草率

患者还有一些行为，属于活动多的表现，容易被忽视。如行为轻率、购物投资不慎重，特别勤快、喜欢文娱活动和社交、性欲亢奋，性活动多。特别是以忧郁情绪为主要表现的抑郁混合发作的抑郁症患者，这些表现都会出现，这时会掩盖内心的忧郁情绪。

有个抑郁症患者来看病，情绪低落，后悔内疚，对前期的生活不检点自责不已。仔细询问，前期就出现了轻度躁狂表现。

现在还有一个比较令人担心的行为，就是手机赌博。有个患者在网上玩儿"××乐"，输了200多万以后，开始变得抑郁了。实际上，赌博期间，可能就处于轻度的躁狂阶段。

♥ ≋ HAPPY ≋

第三讲

为什么我得了抑郁症和
别人的表现不一样

各式各样的抑郁症 | 60

♥ 各式各样的抑郁症

在抑郁症核心症状"情绪低落""缺乏兴趣""缺乏愉快感"的基础上，不同的患者要是再合并其他不同的表现，临床上就会出现各种不同类型的抑郁症。每一个患者，也可能还有其他的表现，或者是在不同的阶段有不同的表现。临床表现类型可能远远超出了官方制定的范围。临床上见到的疯狂购物的抑郁症，第二讲已经涉及，不做专门介绍。

一、懒散不动的抑郁症

患者思维迟缓，自觉反应迟钝，思路闭塞，表现为说话慢，思考问题吃力，回答问题困难，感觉"大脑像一台生锈的机器，转不动了"。在行为上表现为显著持久的抑制，行为迟缓，生活被动、懒散，常独坐一旁或整日卧床，不想做事，不想学习，不想工作，不愿意外出，不愿意参加平常喜欢的活动或业余爱好，不愿意和周围人接触、交往，闭门独居，疏远亲友，回避社交。严重者个人卫生都不顾，蓬头垢面、不修边幅，甚至发展为少语、少动、少食，或不语、不动、不食，专业上称为亚木僵或木僵状态，但仔细观察仍能发现患者流露出痛苦抑郁情绪。

临床上更需要注意的是，带有木僵的抑郁症，又称为抑郁性木僵，起病往往很急，疾病发展也往往很快。因为患者不吃不喝，严重的会影响生命。医生认为符合电休克治疗的条件，采用电休克治疗方法，但效果不好。患者此时会有意识障碍，就是神志不清，专业上称为谵妄。一个患者不吃不喝2个月，诊断为抑郁症，重度抑郁发作。住院1个月，8次电休克治疗，毫无效果。改诊为谵妄，治疗半个月，病情完全好转，抑郁情绪消失，吃饭、活动正常，脸上露出了笑容。

案例： 张先生，28岁。于2018年10月无明显诱因出现乏力，没有食欲，不愿意吃饭，干什么事情都没有兴趣，逐渐变得少语、懒动，不愿意说话，不愿意出门，朋友之间的聚会也不想参加。即使在上班时也经常发呆，感觉思考问题非常吃力，什么也不会干了，经常无法及时、有效地完成工作，怕领导找自己谈话，不想去工作，每天早晨父母需要多次叫他才会起床，父母督促稍慢，上班就会迟到，越是迟到，越不想上班，严重影响到工作和生活，迫不得已到精神病专科医院就诊。

二、惶恐不安的抑郁症

患者表现为眉头紧锁，双眉间呈"川"字形，焦虑恐惧，终日担心自己和家庭将遭遇不幸，大祸临头，以致搓手顿足、坐立不安、惶惶不可终日。夜间失眠,或反复追念以往不愉快的事,责备自己做错了事,导致家庭和其他人的不幸,对不起亲人;对环境中的一切事物均无兴趣;轻者喋喋不休诉说其体验及"悲惨境遇",病情严重的患者撕扯衣服、拉扯头发、满地翻滚、焦虑万分。

案例: 李女士,33岁,2019年因工作压力大开始出现失眠、心情差,整日眉头紧皱,白天疲于应付各种工作中的琐事,晚上则辗转反侧,难以入睡,反复回想自己白天做的事情是否妥当,是否有纰漏。次日无精打采,无法集中精力思考问题,工作效率逐渐下降。因此,更觉得压力大,认为自己工作干不好，前途无望，甚至会拖累家人，终日惶惑不安，逐渐发展至坐立不安、搓手顿足，有时在家中夜深人静时来回踱步至凌晨。

三、烦躁易怒的抑郁症

患者表现为脑中反复思考一些没有目的的事情，思维内容无条理，大脑持续处于紧张状态。由于无法集中注意力来思考一个问题，因此，思维效率下降，无法进行创造性思考。在行为上则表现为烦躁不安，激动、紧张，有手指抓握、搓手顿足或踱来踱去等症状，摔摔打打，有时不能控制自己的动作，变得异常暴躁，甚至对亲人大打出手。

有的患者自己总结为"三躁"：急躁、烦躁、暴躁。

案例: 王先生,40岁,脾气暴躁。2012年因工作压力大,出现少语、懒动,不愿意说话,不愿意出门,工作中的应酬也不愿意参加。回家后则呆坐不语,对女儿的学习不关心,对家人漠不关心。妻子上班回家再干家务活,劳累后稍加抱怨,王先生则暴怒不已,嫌妻子唠叨,甚至难以控制而对妻子大打出手,事后则后悔不已。后认识到自己的异常而主动要求到医院就诊。

四、浑身难受的抑郁症

患者以各种躯体不适为主诉,而实际上是抑郁症。这类患者主要表现为各种躯体不适和自主神经功能失调症状,如失眠、睡眠节律紊乱、头痛、疲乏、各种心血管症状或腹泻等胃肠道症状。由于患者主诉此类症状,因此常在综合医院各科就诊。如不进行细致的精神检查可能难以发现其抑郁的情感体验,因而被误诊为"神经衰弱""神经症""自主神经功能失调"等,也可以称为"隐匿性抑郁症",因为严重的身体不适掩盖了抑郁情绪,导致出现抑郁情绪不明显的假象。

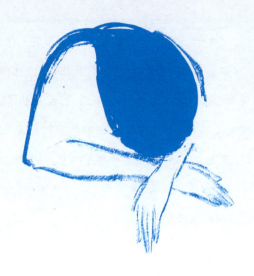

 案例：李女士，42岁，2017年因工作压力大而出现失眠、多梦、记忆力减退、整日闷闷不乐、悲观、对什么也没兴趣，凡事总是往坏处想，自服"助睡眠的药物"后有改善。近1年失眠加重，每晚最多睡4小时，越睡不着觉就越着急，烦躁，坐立不安，觉得浑身难受，头痛、颈痛、背部发紧、心慌、出汗，次日无精打采，白天基本卧床不起，总是觉得自己得了重病，反复到综合医院神经科、心血管内科等就诊，要求治疗，服药后又怀疑自己吃药把肝脏和肾脏吃出问题来了，更是辗转于各综合医院，后来综合医院医生建议到精神病专科医院就诊。

五、疑神疑鬼的抑郁症

患者多出现与抑郁状态一致的幻觉、妄想，内容多涉及无能力、患病、死亡、一无所有或应受到惩罚等，和情绪一样，都是负面的感觉和看法，如罪恶妄想（患者贬低自己的道德品行，坚信自己犯有严重错误。轻者认为自己做错了事，说错了话，应该受到惩罚，或者反复计较于以前做过的一些小错事；重者认为自己犯有不可饶恕的罪行，给国家造成了巨大的损失，应该坐牢或枪毙，因而拒食，或以整天干重活儿脏活儿，甚至以自杀的方式来赎罪）、贫穷妄想（毫无根据地坚信自己非常贫穷，财产均已丢失，他的家庭关系面临破裂，将一无所有）、疑病妄想（毫无根据地认为自己患了某种严重的躯体疾病，是不治之症，通过一系列详细的检查和多次医学检验，都不能纠正这种病态观念），或嘲弄性、谴责性的听幻觉。

部分患者出现与抑郁状态不一致的幻觉、妄想,如没有情感色彩的听幻觉、内容荒谬的被害妄想等。

案例:王女士,48岁,单位职员,从事后勤工作,平素性格内向。近2年工作压力大,渐渐感觉工作时注意力不集中,记忆力也开始出问题,做事总是丢三落四,整日闷闷不乐,总觉得同事故意把负责任的事推给自己,单位宿舍交易时,怀疑单位卖房出现了差错,为此心烦,消瘦七八斤,不愿意去上班,不愿意与家人交流,不接听丈夫及各位亲属打来的电话。之后王女士的话逐渐变得更少,家人反复问其话都不搭理,不正眼看家人,情绪低落,不再看自己以往喜欢的电视剧,经常在家中发呆。食欲减少,不愿意吃饭,夜眠差。1周前工作时因看到账本又想起单位以前买卖房子的事,认为都是自己的错,导致同事买不到心仪的房子,让单位蒙受了经济损失,为此自责不已,看到账本想到房产证,担心别人暗中对房产证使坏,后拒绝进食,通过拒食的方式让自己得到应有的惩罚,持续3天,经过丈夫及女儿的反复劝说到某精神卫生中心就诊。

六、不想活的抑郁症

抑郁症患者 50% 左右会有自杀想法。在自杀想法的驱使下,认为"结束自己的生命是一种解脱""自己活在世上是多余的",他们脑子里反复盘旋与死亡有关的念头。轻者常常会想到死亡有关的内容,或感到活着没意思、没劲儿;再严重会觉得生不如死,希望毫无痛苦的死去;之后则会思考自杀的时间、地点和方式,主动寻找自杀的方法,然后发展成自杀行为,部分患者会因自杀未遂,反复寻求自杀机会。患者所采取的自杀行为往往计划周密,难以防范,因此,自杀行为是抑郁障碍最严重的、最危险的症状,抑郁障碍患者最终会有 10% ~ 15% 死于自杀。有些患者还会出现所谓"扩大性自杀"行为,患者会认为活着的亲人也非常痛苦,会在杀死亲人后再自杀,导致极严重的后果。因此,必须积极干预。

案例:2019 年 1 月 18 日,济南市天桥区居民柏某在其六楼家中将父母、妻子及两个儿子杀害,并放火焚烧案发现场后跳楼自杀。调查发现,柏某生前曾频繁浏览治疗抑郁症网页,在其单位办公桌里发现多种治疗精神类疾病的药物以及其记录强烈悲观厌世和对家人未来生活担忧的文字。

七、心情时好时坏的抑郁症

这一类型抑郁症患者频繁发作（每年发作 4 次以上），发作可以是躁狂、轻躁狂，抑郁或混合发作，两次发作期间的间隔至少有 2 个月以上是部分或完全缓解的。临床表现显示了抑郁和躁狂快速交替循环发作，抑郁表现时别人认为他有病了，转变为轻躁狂发作时，别人就以为他的抑郁症好了，看起来就像时好时坏。患者本人也说心情好了。其实，好的时候，可能是处于轻度躁狂表现，只是不被认为是疾病的表现。

这种类型，叫作快速循环型。往往随着病程的进展，交替反复发作就会逐渐变得抑郁、躁狂界限模糊不清，而成为混合发作。如在抑郁心境背景下出现兴奋，出现情绪高涨、亢奋、自满、联想迅速、精力充沛、参加高风险的活动（如无节制的购物或盲目投资等）、睡眠需要减少以及虽然睡眠时间少但不觉得疲倦等。常见于双相情感障碍 II 型，女性多见，部分可能与药物使用有关，即可能是因为吃了某些抗抑郁药物引发的，因此，要注意抗抑郁药物的选择，特别是不要用 5- 羟色胺和去甲肾上腺素双通道抗抑郁药。治疗时应注意考虑双相情感障碍的治疗原则。

一位 75 岁的女性抑郁症患者，服用双通道作用机制的药物度洛西汀，住院治疗 1 个月以后，逐渐出现情绪波动，好转几个小时，就突然转变成抑郁状态,同时还流泪。过了两三天,情绪又突然变成高兴状态。如此反复,已经 1 个月有余,医生并没有发现,这都是患者的陪护观察到的。

一位 50 岁双相情感障碍女性患者,失眠、心烦,浑身难受多年。患者的儿子,汇报病史说,他母亲的病是"阴阳天",就是一天好、一天坏,好的时候正常,坏的时候就心烦、难受,而且是在下午明显。

八、冬季容易犯病的抑郁症

不仅工作、学习压力会使人抑郁,季节变化也是抑郁症的诱发因素。

季节性抑郁症，又称为"冬季抑郁症"，属于季节性情感障碍。常常在秋季和冬季出现抑郁反复发作，抑郁多数具有非典型特征，如睡眠增多、食欲增强及体重增加等。而次年春、夏季节症状完全缓解，或部分患者转为躁狂发作，也就是现代所说的双相情感障碍。

在北极圈地区的调查显示，成年男性的抑郁症患病率为 14%，女性则高达 19%。

据统计，35% 的加拿大人抱怨漫长的冬天影响他们的情绪，10% ~ 15% 的加拿大人有轻微的季节性抑郁症状，2% ~ 5% 的加拿大人是真正的季节性情绪失调的患者。

来自多伦多的格瑞丝·凯彻在 2017 年接受采访时说道："自去年冬天起，我一入冬就感到情绪低落，想自杀，想哭，睡很长时间，无法完成自己的工作。随着春天气温回暖、白天变长，这些症状就逐渐消失了。"

对于留驻在南极科考站的科考人员，当秋、冬季来临时，漫长的极夜让他们精神萎靡、郁郁寡欢，时间久了也会出现倦怠嗜睡、心情沮丧、无心工作的情况，严重的会发生抑郁症和酗酒。

就连英国前首相丘吉尔也深受季节性抑郁的影响，冬季的到来让本来就抑郁的他更加痛苦,他曾说,心中的抑郁就像只黑狗,一有机会就咬住他不放。而每到冬天这只"黑狗"就更加"张狂"。丘吉尔本人就是双相情感障碍患者。

季节性情感障碍最早由罗森塔尔在 1984 年提出,以季节性抑郁较多见,主要发生于北欧国家,如加拿大靠近北极地区,因为冬季漫长,长达两三个月终日不见阳光,冬季抑郁症更多。罗森塔尔是一个习惯了约翰内斯堡热带草原气候的南非人,移居美国后,非常不适应纽约阴冷的冬季。

研究认为,这些国家冬季日照时间显著缩短与该病的发生有关。

北极有无边的冰雪、漫长的冬季。北极与南极一样,有极昼和极夜现象,越接近北极点越明显。北极的冬天是漫长、寒冷而黑暗的,温度会降到零下50℃,大海完全封冻结冰。从每年的11月23日开始,冬季夜晚长达24小时,太阳始终在地平线以下,有接近半年时间将是完全看不见太阳的。可能的假设是,光照影响了人的睡眠、昼夜节律,干扰到了5-羟色胺和褪黑素代谢的过程,进而造成人体内平衡的紊乱,最终出现抑郁。最新的抗抑郁药物阿戈美拉汀,就是通过恢复5-羟色胺和褪黑素正常代谢而发挥作用的。

很多抑郁症患者(特别是青少年学生)告诉医生,只要阴天下雨,心情马上就坏了;太阳一出来,心情马上就好了。

我国文学作品中有大量关于季节引发情感变化的描写,尤其是对冬季情绪偏低的描述更多。

《江雪》

〔唐〕柳宗元

千山鸟飞绝，万径人踪灭。

孤舟蓑笠翁，独钓寒江雪。

凸显了诗人在冬季孤独的抑郁心情。

ICD-10 中给出了季节性情感障碍的暂行诊断标准如下。

A. 必须在连续 3 年或更长时间内产生 3 次或更多的心境（情感）障碍发作，每年起病于相同的 90 天内。

B. 其缓解也发生于每年特定的 90 天内。

C. 季节性发作的次数显著多于可能发生的非季节性发作。

案例：王先生，48岁，很早就参加工作，因工作有方一直受人尊敬。2016年秋季因为工作调整，渐出现情绪不高，感觉脑子变笨了，注意力不集中，记忆力也开始出问题，工作效率逐渐下降，变得自责，认为自己工作做不好，领导会对自己有看法，做不好工作甚至可能会被开除，为此心烦，焦虑不安。后随着春暖花开，适应了新的工作，逐渐恢复至正常状态。2017年11月，无明显原因，再次出现上述情况，王先生及家人认为2016年能够顺利度过，这一次也不会有太大的问题，果然坚持数月后王先生的脸上再次出现了久违的笑容。然而2018年冬季来临，王先生担心的问题再次出现，并且逐渐加重，王先生整日唉声叹气，甚至感觉度日如年，生不如死，家人才重视起来，带他到精神病专科医院就诊。

九、产后抑郁症或经前期加重的抑郁症

产后抑郁症是一种常见、致残性、可治疗的生育并发症，对母亲、婴儿及其家庭均可造成沉重的影响，又叫"隐形杀手"。产后抑郁症患者的自杀率是普通人的36倍。产后抑郁症很可怕，但是却比任何抑郁症都容易治愈。

DSM-5 中,产后抑郁症被列入重性抑郁发作,"围生期发作,心境症状出现于妊娠期及分娩后 4 周内";然而,即便情绪症状在分娩 4 周后出现,或并不完全满足重性抑郁发作的诊断标准,这种抑郁同样会造成损害,同样需要治疗。事实上,在临床实践中,产后任何时间都可以出现抑郁症,包括分娩后 4 周内、3 个月内、6 个月内,甚至 12 个月内。甚至在怀孕期间,也可以发生抑郁症。有的患者在怀第一胎时抑郁症状比较轻,就扛过去了。在怀第二胎时,抑郁症比较严重,才回忆起来在怀第一胎时就得过抑郁症。

据估计,在分娩后的第一周,50% ~ 75% 的女性出现轻度抑郁症状,民间称为"婴儿忧郁",产后 2 ~ 5 天达到高峰,典型症状包括哭泣、悲伤、心境不稳、易激惹和焦虑。"婴儿忧郁"并不显著影响

个体的功能,也未伴有精神病性特征,一般而言,这些症状在 2 周内即可开始自行缓解,但也有些个案迁延为产后抑郁。

根据美国疾病控制与预防中心的数据,11% ~ 20% 的女性患有产后抑郁症,中、低收入国家可能更高。产后抑郁的症状通常包括睡眠紊乱(在照顾婴儿的基础之上)、焦虑、易激惹,感觉"被压得喘不过气",以及关于婴儿健康及喂养的强迫观念等。患有抑郁症的母亲往往不能很好地照顾婴儿,患者往往会由此感到自责自罪。她们常常会觉得自己没有价值,自我存在感很低,在脑海里会有轻生的念头。伤害婴儿的情况也时有报道,极端情况下还可能出现自杀或杀婴事件。

产后血中激素的剧烈变化引发抑郁症,心理、社会因素也与产后抑郁症的发生密切相关。

从妊娠、分娩,到心情变成抑郁是一种什么样的感受? 身体上的变化也在一次次地冲击着她。生产之后的子宫脱垂,奶水淤堵之后的生病发热,像蚯蚓一样的妊娠纹,还有每天机械化的生活,黑白颠倒,哺乳、换尿布、奶水淤堵再通奶、抱孩子睡觉、哄孩子不哭……看看镜子里的自己,衣服上满是奶渍,乱糟糟的头发,一副蓬头垢面的样子,悲伤一涌而上,好像自己活着的意义就只有喂奶、养娃。一天 24 小时被孩子和家庭捆住,越来越找不到自己作为一个个体的价值。精神生活就像是掉入了一个黑洞里面,所有的人都在向前走，而她只能困在这个黑洞里面，爬不出来。她无法确定自己的人生、事业会不会被这个黑洞吞噬。

产后抑郁症患者回忆说："生完孩子，没有人关心我累不累，伤口痛不痛，每个人都在问'有没有奶'，好像我不是一个人，只是一头奶牛。"自己休息不好，没有人听她们倾诉。身体上的不适，再加上心理的不安全感，妈妈们就这么崩溃了，抑郁情绪接踵而至。

某明星生完孩子之后说过一句话，让人印象深刻：产后抑郁，就是一种被全世界抛弃的感觉。

产后抑郁的自然病程差异很大。一些患者可能在数周内自行缓解，但也有大约20%的患者在产后1年仍存在抑郁症状，13%的患者在产后2年仍存在症状；约40%的女性在随后的妊娠或其他与妊娠无关的场景下将会复发。产后抑郁不仅会对母亲造成显著的痛苦及功能损害，还可引发婚内冲突以及母亲不关心婴儿，对母亲、家庭和发育中的孩子都有潜在的长期不良后果。

月经周期与女性抑郁情绪密切相关，女性在月经期前后可出现易激惹或其他心理和行为的改变。经前期女性常出现烦躁、易激惹，易与他人或家人发生矛盾，对工作感到力不从心。女性出现月经期抑郁症状要考虑三种情况：经前综合征、经前和经后抑郁症恶化。

怀孕期也可以发生抑郁症。一个怀孕 8 个月的孕妇,在怀孕 3 个月的时候就开始出现焦虑、抑郁,整天哭哭啼啼,要打胎、要流产,认为就是因为这个二胎才叫自己得病的。头胎、二胎,都是男孩,感到压力太大,抚养不了。医生也不敢开处方,担心影响胎儿。笔者开具处方,给予拉莫三嗪和丁螺环酮。以后随访,患者焦虑、抑郁减轻。

有一些产后抑郁症患者,在怀孕期间,就已经出现了抑郁情绪。

案例: 杨女士,28 岁,怀孕 5 个月时开始担忧以自己的能力照顾不好宝宝,变得不开心,经常向丈夫诉说自己的担忧,在丈夫及其他亲人的陪伴与劝导下顺利产下宝宝。但在产后"坐月子"期间开始失眠,寡言少语,看到宝宝也开心不起来,觉得宝宝有这样一个妈妈将来也不会幸福,为此愁眉不展,唉声叹气,自责不已,甚至想离开宝宝及家人,还他们一个"幸福的未来"。

十、能吃、能睡的抑郁症

部分患者没有典型抑郁障碍的入睡困难,而是睡眠增加或过度的睡眠;没有食欲下降,而是食欲大增,甚至体重也增加;没有情绪明显低落或自觉精力不济，而有全身沉重、肢体如灌铅样感觉；对外界评价比较敏感，表现为人际关系紧张，称为非典型抑郁，与双相情感障碍之间可能存在同源性，也有一些医生认为是躁郁症。

案例：周女士，20岁，上高中时父母感情不和，为了不耽误其高考，父母离婚后一直瞒着她，直至上大学后才发现真相。为此郁郁寡欢，伤心流泪。为了缓解内心的痛苦，将自己的情绪都宣泄到食物上，开始暴饮暴食，常常吃到胃难受，难以下咽，然后蒙头大睡，不再去上课。老师发现后找其谈话，她每每答应，却依然我行我素，体重暴增，不能与同学正常交往，不能正常学习，后被家长接回家中。

十一、发作变幻莫测的抑郁症

每个人的人生都会经历起起落落。如果情绪也是大起大落,就像"过山车",那就是得了"双相情感障碍",就是克雷佩林说的"躁狂抑郁症"。情绪低落时,就是双相情感障碍抑郁的一面,看起来就像普通的抑郁症一样,精神科医生称为单相抑郁症,也就是美国分类的重度抑郁障碍。情绪很好时,就会亢奋,处于躁狂状态。正是这种躁狂症状的存在将双相情感障碍的抑郁发作与普通的单相抑郁症区分开来。生活中躁狂可以有以下 7 种迹象,这也是双相情感障碍的特征。

1. 兴奋、欣快感　我们都有过这样或那样头晕目眩的经历,但是双相情感障碍患者的兴奋更加疯狂,他们期望用麦克风,通过体育场音乐会的音响系统来放大;如果可能,他们可以站在屋顶上大喊大叫。

2. 夸大和吹嘘　对双相情感障碍患者来说,没有什么是不可能的,没有人比他更有资格,他是一个天才,比如他确信自己的涂鸦会像莎士比亚的作品一样被载入史册。

3. 做事冲动　双相情感障碍患者常做有风险的、冲动的事情,例如在一次购物之旅中购买了一个全新的衣柜,将所有资金投入商业计划,或者认为像"蜘蛛侠"一样从阳台上跳下来是个好主意。

4. 精力旺盛　为了完成某个项目或者在城里闲逛,双相情感障碍患者会彻夜不眠。

5. 话多　说话时从一个主题跳到另一个不相关的主题,中间穿插着文字游戏、笑声或歌声。

6. 易怒　躁狂不一定快乐,双相情感障碍患者也可以是易怒的和爆炸性的。极度的烦躁可能会转变成攻击性,但重要的是要记住,这并不一定意味着对他人有危险。事实上,著名杂志《柳叶刀》2001 年的一项研究发现,与肇事者相比,精神疾病患者更有可能成为他杀或致命事故的受害者。当患者躁狂的时候,判断力很差,他们错误地认为自己是不可战胜的,而且天不怕地不怕。

7. 影响生活　可以想象,所有这些迹象加在一起都会干扰生活,无论是上课、工作,还是照顾孩子。如果躁狂症状持续时间超过 7 天或者被送进医院,那么就会被正式诊断为躁狂症。

双相情感障碍患者通常感觉良好,功能正常。但是在一段时间内,他们的情绪和行为会转向躁狂或抑郁的极端,每一种极端表现都与平常的自己截然不同。在发作期间,双相情感障碍患者最常见的是抑郁,但有时也可能处于躁狂状态。常常抑郁、躁狂状态交替出现,或抑郁、躁狂的表现混合在一起,分不清患者的情绪是处于抑郁状态还是躁狂状态,临床上叫混合状态。

ICD-11 国际分类中,有心境障碍发作混合发作类型,并定义为满足躁狂 / 轻躁狂发作和抑郁发作标准的显著躁狂症状群和抑郁症状群,至少在连续的 2 周内同时并存或快速转换(每天或 1 天之内)。当抑郁症状在混合发作中占主导地位时,躁狂发作的表现常常为易激惹、思维奔逸、语速增快以及精神运动性激越。反之当躁狂症状在混合发作中占主导地位时,抑郁发作的表现常常为烦躁情绪、无价值感、无望感或无助感以及自杀观念。

这一类型,患者常常频繁反复发作。许多首次抑郁发作的患者,几次发作后,就变成了混合状态。女性多见,与环境以及药物治疗关系密切,治疗过程中应注意药物的选择。患者在气候上分不清是夏天还是冬天,情绪上分不清是躁狂还是抑郁。

艺术家梵高也是双相情感障碍患者,世界双相障碍协会和国际双相障碍基金会发起,自 2015 年起将梵高的生日 3 月 30 日定为"世界双相障碍日"。

作者见过几个特殊类型的混合状态患者。一个是第一天心情好,第二天心情不好,两天一个循环周期,是个中年女性。这个患者,还是来看失眠的。还有一个 30 多岁的男性患者,一个月心情好,下一个月心情不好,两个月形成一个循环周期。第一个经过治疗好了,第二个没有治好。

还有一个患者情绪变化更快。一个初中的女生，早晨上早自习，情绪抑郁；第一节课，情绪好转；第二节课，情绪又转成抑郁状态；第三节课，无法上课，只好回家。医生认为没有病，就是心理压力大一些，心理辅导一下，就会好的。还是患者自己本人，上网查阅，认为自己得了双相情感障碍。这个中学生，坚持要出家当居士。

因此，抑郁症混合发作最容易误诊误治。1986年，德国人希姆莱就说混合状态的临床表现具有复杂性和多变性，有时候看起来像精神分裂症，有时候像精神病性抑郁，有时候又像癔症样发作。

案例：王先生，36岁，平素性格偏内向。2016年秋季开始出现闷闷不乐，父亲罹患肺癌后自责，觉得父亲得病都是自己的错，是自己没有照顾好父亲的缘故，失眠，烦躁，不愿意出门，不愿意见人，持续2个月后逐渐缓解。2017年春季工作业绩好，得到领导的赏识，出现兴奋，感觉自己有能力，将来能够做出一番大事业，工作时忙忙碌碌，常常看到同事的"不足之处"，热心帮助同事，对同事的"不足之处"指指点点，经常给领导出谋划策，持续2个月逐渐恢复至正常状态。2018年至2019年反复出现上述两种相反的状态，每次持续时间渐短，但发作越来越频繁，甚至会出现晚上刚刚兴高采烈，感觉这一天真的很美好呀，次日清晨就会出现懒散，不想起床，不想上班，感觉一切都太痛苦了，甚至生不如死，后到精神病专科医院就诊。

部分混合发作的双相情感障碍患者，发作时伴有意识障碍，发作时间很短，也就几分钟，表现为暴躁、打人，或者自伤，如咬舌、咬手指。第二天交流时，当时定向力错误，说不清交流时的时间段，如搞不清楚是上午还是下午，对头一天发作过程遗忘，记不得前一天晚饭吃的什么。隔几天发作一次，排除癫痫，确诊为谵妄性躁狂。

十二、面带微笑的抑郁症

有些抑郁症患者，外观表现几乎和正常人一样，甚至经常面带微笑，但微笑的背后却潜藏着危险的抑郁，其内心不高兴、压抑、沮丧、消沉、十分痛苦。患者表面的"正常"，迷人的微笑，都是刻意伪装的，因而往往不能引起人们注意，待到突然发生毁物伤人，企图自杀时，才使周围的人大为震惊，被称为微笑性抑制。一部分患者是由于学历较高、有一定的社会地位，为了维护个人的"尊严""面子""礼节"，故意表现出若无其事，面带微笑，掩饰自己；还有一部分是重症抑郁患者，对生活悲观绝望，企图自杀，为了掩盖其企图，避免周围人的注意,故意表现出"正常情绪",甚至强作欢笑,却突然走上轻生之路,令人猝不及防。对这部分患者要引起重视,积极干预。

案例:杨女士,公务员,因为心情不好,对生活兴趣下降,不愿意出门,不愿意工作,持续1个月,亲戚、朋友劝说无效就诊。回家后积极配合治疗,每天都会面带微笑地告诉家人自己今天又有进步,睡眠好了,情绪没有那么难过了,开始能够看看书、听听音乐等,直至家人放松警惕。一天凌晨家人无意中发现患者正准备吞服积累好的药物自杀,及时制止并将其送至医院治疗。

十三、勉强上班的抑郁症

这是一种以持久的情绪低落为主的轻度抑郁,又叫阈下抑郁,是抑郁症的一种新亚型。阈下抑郁属于程度较轻的抑郁症,常见的临床特点:①情绪低落、易激惹、敏感多疑、固执,对自己、对生活没有信心。有时还表现为疲乏无力、反应迟钝、注意力不集中、记忆力减退、不愿意说话,但经劝说鼓励会有好转。②常伴有较多的神经症症状,主要是疑病症和强迫症的种种表现。③常伴有躯体不适(头痛、背痛、四肢痛等慢性疼痛症状,及胃部不适、腹泻、便秘等自主神经功能失调症状)和睡眠障碍(难以入睡、噩梦、睡眠较浅),工作、学习、生活等社会功能不受严重影响,各项检查基本正常。症状持续时间长,常持续 2 年以上。因为一般不会感到绝望,不会出现严重的抑郁,所以还能勉强上班。笔者认为,这种类型中程度比较轻微的,有可能就是大家经常说的"亚健康状态"。

目前阈下抑郁正以更高的患病率、更快的增长率悄然危及人类。有资料显示阈下抑郁的患病率部分社区可达 1.4% ~ 17.2%。生活中,他们不断抱怨躯体不适,对自己的工作不满意,工作效率低下,工作中易出差错,朋友关系不融洽,社会活动范围受限。经检查这些人往往仅存在 1 ~ 2 项抑郁症状,如失眠、易疲劳、注意力集中困难等,但这已严重影响了患者的生活质量和工作效率,导致工作能力下降,社会功能减退。这类患者就诊于内科门诊高达 50%,而就诊于心理门诊者占 26%,在精神科门诊就诊者仅占

24%。同时,这类患者患病常有一定的外界诱因存在,往往使得临床医生更多地把这类患者的症状归因于外界刺激,从而忽略了对疾病的诊断,加上此类型在临床上不易识别,所以,此类患者不能得到及时、有效地治疗。

阈下抑郁与抑郁症一样,当发展到严重程度时,均会导致患者自残、自杀或家庭破裂及经济损失,而且阈下抑郁危及人群更广,症状更隐匿,临床应予注意。

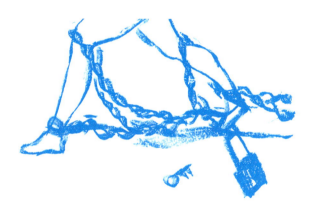

案例:张女士,2010年上高二时不适应学校生活,开始出现心情差,与父母交流少,经常将自己关在屋里独处,用刀片划伤胳膊,尚能正常上学,并且顺利考入大学。在就读大学期间,与同宿舍人尚能交往,但与其他人很少交流,上课回答问题时声音小,人多时周身不适,感觉胸闷、四肢疼痛、

紧张不安，并在事后多次划伤自己胳膊。工作后仍心情差，压抑，白天勉强上班，但是害怕人多等正式的场合，和别人交往过程中无所适从，极度不自信，对自己评价很低，觉得自己是无用的人，看不到自己的优点，每天很煎熬，好歹熬到下班回家，则表情忧伤，无声流泪，用刀片划伤胳膊，有时甚至一次划十几道伤口，夜晚常在睡梦中惊醒。

十四、更年期抑郁症

更年期，即"围绝经期"，是指妇女绝经前后的一段时期（从 45 岁左右开始至停经后 12 个月内的时期）。世界卫生组织将其定义为"绝经前一段时期，即始于女性内分泌、生物和临床表现发生变化，终于末次月经后一年"。

更年期，人生重要的特殊生理期，每个女性都会经过，它是从性成熟期进入老年期的一个过渡时期，短则 2 ~ 3 年，长则 10 余年。

更年期内的激素变化导致女性在该阶段易罹患精神疾病，焦虑、抑郁是常见的心理问题，严重者就会发生抑郁症。而且因为突出的自主神经功能失调，以及往往合并绝经期症状，如潮热、盗汗、睡眠和性功能紊乱及体重、精力变化等，掩盖了抑郁症状，患者经常到综合医院求治,误诊为更年期综合征、自主神经功能失调等,耽误治疗,经久不愈,严重影响个人、家庭和工作。

更年期综合征,女性患者多于男性。发病年龄女性多为 45 ~ 55 岁,男性为 55 ~ 65 岁。起病大多缓慢,少数起病较急,急性起病者诱因较为明显。早期症状常类似神经衰弱,且自主神经症状比较明显,表现为失眠、头晕、乏力、健忘、食欲减退、胸腹饱闷、便秘或腹泻、心悸、阵发性心动过速、血压增高、水肿、盗汗、自汗、畏寒、阵热、性欲减退、月经紊乱或停经等。此临床表现属于更年期综合征,继续发展,成为抑郁症。

更年期抑郁症是以情绪焦虑、抑郁为主,而精神运动性抑制不明显。患者常过分夸大一些细微小事,把过去的一般缺点看作是不可饶恕的罪行;或认为自己过去工作没有尽到责任,如今又无力弥补;或认为自己罪孽深重;或把一些躯体不适,归咎为严重的难以治疗的疾病。此外,还可发生贫穷妄想和虚无妄想。患者多有消极自杀或自伤行为。患者智力良好,由于终日焦虑、紧张、抑郁和疑病,工作能力明显下降,但思维、语言和行为并不迟钝。

十五、老年期抑郁症和阿尔茨海默病

本节所讨论的老年期抑郁症,包括:①始发于早年,但60岁以后继续发作的单相抑郁症和双相情感障碍抑郁发作;②60岁以后始发的单相抑郁症和双相情感障碍抑郁发作;③继发于躯体疾病的抑郁症。

中华医学会精神医学分会老年精神医学组也形成《老年期抑郁障碍诊疗专家共识》,足以说明老年期抑郁症的独特性与重要性。在此基础上,我们也将专门介绍老年人常见而又容易被误诊的老年性谵妄。

老年期抑郁症是指存在于老年期（≥60岁）这一特定人群的抑郁症，以持久的抑郁心境为主要临床特征，主要表现为情绪低落、迟滞、焦虑和躯体不适等。

抑郁症是我国老年人常见的精神疾病之一，14%～42%的老年人患有抑郁症。医院重症监护室、养老院，老年期抑郁症发病率更高。

独居、丧偶、经济拮据、疾病缠身、身体功能障碍等是老年期抑郁症发病的重要危险因素。但是，一些老年期抑郁症患者反复就诊于社区医院和综合医院，却很少到精神病专科医院就诊，导致误诊误治，病情加重。

老年期抑郁症与青壮年抑郁症两者之间临床表现无明显差别，因此，老年期抑郁症虽有抑郁症的核心特征，也可能会被焦虑、激动等症状掩盖。

（一）老年期抑郁症的核心特征

老年患者抑郁发作的核心症状包括心境低落、快感缺失和兴趣减退，但常被其他主诉掩盖，而情感痛苦与动机缺乏等症状常常与抑郁密切相关，并且年龄愈大越明显，可以表现为无兴趣、忧伤、精力不足、自卑、每天情绪变化有节律性等。患者会有"没有意思，心里难受""吃饭不香""全身没劲儿""拉不动腿""自己一无是处""活够了"等想法。曾有一个退休老干部，自己说："癌症打不垮我，这次抑郁症把我击垮了,不想活了"。越来越不愿意参加正常活动,如社交、娱乐,甚至闭门独居、疏远亲友。

(二)老年期抑郁症常见临床特征

💙 焦虑 / 激越

焦虑和激越是老年期抑郁症最为常见而突出的特点,以至于掩盖了抑郁症的核心主诉。主要表现为过分担心、灾难化的思维与言行以及冲动激惹。

有人比较了3组不同年龄的抑郁症住院患者,发现焦虑症状以50～65岁组首次发病最多,年龄较轻组较少。

老年患者对忧伤的情绪往往不能很好表达,常表现为对外界事物无动于衷,常否认或掩饰心情不佳,甚至强装笑脸。其亲属及熟人也可能意识不到患有严重情感疾病,而只以为是躯体的"不舒服"。见到医生就抓住双手不停地诉说躯体不适,有时躯体焦虑完全掩盖了抑郁。也有的人无故抱怨别人对他不好,以致使人无所适从。

💙 躯体不适主诉突出

老年期抑郁症患者可因躯体不适及担心躯体疾病辗转就诊多家医院,表现为包括慢性疼痛的各种躯体不适,历经检查及对症治疗效果不佳,其中以多种躯体不适为主诉的"隐匿性抑郁"是常见类型。

💙 精神病性症状

精神病性抑郁常见于老年人,神经生物学易感因素、老龄化心理和人格改变以及社会心理因素,均与老年重性抑郁发作时伴发精神病性症状密切相关。常见的精神病性症状为妄想,偶有幻觉出现,需警惕是否存在器质性损害。疑病、虚无、被遗弃、贫穷、灾难以及被害等是老年期抑郁症患者常见的妄想症状。

大约 1/3 的老年患者以疑病为抑郁症的首发症状。有研究报道,60 岁以上的老年期抑郁症中,具有疑病症状者男性患者为 65.7%,女性患者为 62%。躯体不适可涉及各个脏器,如心悸、出汗、恶心、呕吐等。疑病内容以涉及消化系统症状者较多,严重者可以出现疑病妄想及虚无妄想,认为自己得了不治之症。老年患者可为此多次被送到急救中心。

曾有一个老年患者,表现为焦虑、抑郁,因为大便颜色发黑,误以为得了肠癌,焦躁不安。到省级医院住院途中,仍然担心死在途中,害怕到不了目的地。

❤ 自杀行为

抑郁是老年人自杀的危险因素，与年轻患者相比，老年期抑郁症患者自杀观念频发且牢固、自杀计划周密、自杀成功率高。

严重的抑郁发作、精神病性症状、焦虑／激越、自卑和孤独、躯体疾病终末期、缺乏家庭支持和经济困难等因素，均可增加老年人的自杀风险。

❤ 认知功能损害

认知功能损害常常与老年期抑郁症共存，是老年期抑郁症常见的症状，两者可能互为促发因素。

抑郁发作时，认知功能损害表现是多维度的，涉及注意力、记忆力和执行功能等，即使抑郁症状改善之后，认知损害仍会存在较长时间。所以，老年期抑郁症常常误诊为阿尔茨海默病（俗称老年性痴呆）。约 80% 的患者有记忆力减退的主诉，存在比较明显的认知障碍，类似痴呆表现的占 10% ～ 15%，如计算力、记忆力、理解力和判断力下降。

阿尔茨海默病是一组病因未明的原发性退行性脑变性疾病。多起病于老年期，潜隐（慢慢、不知不觉）起病，病程缓慢且不可逆（说明无有效治疗方法），临床上以智能损害为主。起病在 65 岁以前者，旧称老年前期痴呆，或早老性痴呆，多有同病家族史，病情发展较快，常有失语和失用。年纪越大越多见，65 岁以上的老年人中阿尔茨海默病的患病率为 5%，80 岁以上的老年人，每 5 个人中就有 1 个患有阿尔茨海默病。因为大脑神经细胞大量减少，阿尔茨海默病是广泛性的器质性损害，智能活动的各个方面都会受到损害，从而影响患者全部精神活动，常出现人格的改变。对时间、地点和人的辨别能力下降，还极力否认，又叫全面性痴呆，目前基本上无特效治疗。

但是，老年人常常还有脑血管疾病，同样会出现记忆力减退、理解力削弱、分析综合困难等，而其人格仍保持良好，对时间、地点和人的辨别能力完整，有一定的自知力（知道自己容易忘事、脑子不好用了）。这类痴呆称为部分性痴呆（或叫局限性痴呆、血管性痴呆）。所以，老年人可能这两种痴呆都存在。

阿尔茨海默病早期的表现，就是近记忆力减退，刚刚做的事情就忘了。笔者叫作"抬手就忘"，非常好记。

如果没有明确的器质性痴呆证据，那么就可以判定为抑郁性假性痴呆。

💙 睡眠障碍

失眠是老年期抑郁症的主要症状之一，表现形式包括入睡困难、易醒、早醒以及矛盾性失眠。失眠与抑郁常常相互影响,长期失眠是老年期抑郁症的危险因素,各种形式的失眠也是抑郁障碍的残留症状。睡眠相关运动障碍,包括不宁腿综合征、周期性肢体运动障碍以及快速眼动期睡眠行为障碍等,也常出现在老年期抑郁症。

上述症状常常表现较单调,如往往单纯纠缠于躯体主诉。加之情感显得淡漠,因此易误诊为轻度痴呆。

(三)老年期抑郁症预后

实际上,老年期抑郁症预后取决于老年人的身体健康状态。老年期抑郁症,临床表现同样复杂。整个老年期,几十年,从生活自理到整天卧床,再加上会同时身患多种疾病,各种疾病的表现也会掩盖抑郁症的表现,使得抑郁症表现更加复杂。

总的来说,单纯的老年期抑郁症预后相对良好,虽不能免于复发,但发作间期一般能恢复至病前适应水平。

有的学说认为,老年期抑郁症中 1/3 会有改善,1/3 不变,1/3 越来越差。

十六、老年性谵妄

（一）老年性谵妄往往被误诊

提醒注意，特别是家人、陪护，甚至医生、护士，笔者经常到综合医院老年科、神经科、呼吸科、保健科和养老机构会诊，发现老年性谵妄经常被误诊的临床现象。

老年性谵妄是由于脑部广泛性代谢失调引起的急性器质性精神病性反应，是一组表现为急性、一过性、广泛性的认知障碍，尤以意识障碍为主要特征。

因急性起病、病程短暂、病变发展迅速，故又称为急性脑病综合征。

笔者体会，部分病例，病程是长期的、慢性的，病程可以 2 年以上，个别可以达 10 年之久。

因为生理特点，老年期抑郁症常常合并谵妄，再加上痴呆，有人称 为 "3D"，即 抑 郁（depression）、痴 呆（dementia）和 谵 妄（delirium）。

谵妄容易被误诊为躁狂症、痴呆等。在养老院、保健病房或空巢居家，老年性谵妄很常见，白天迷迷糊糊，晚上闹腾、嚷叫，第二天全都忘了。晚上闹起来，特别有精神、有劲头。年纪越老，越容易发生谵妄，因为老年人百病缠身，大脑多伴有卒中史、脑萎缩等，更容易出现广泛性大脑代谢功能失调，出现谵妄症状。家人简单地认为，老人晚上大喊大叫、精神错乱，是大脑萎缩了。其实部分病例，可能就是谵妄性躁狂。仔细询问病史，会发现双相情感障碍的迹象，如有的家人说患者"年轻时脾气大，爱提意见"，甚至说"总喜欢上访""总喜欢给中央写信提建议"等。

（二）谵妄的临床表现

1. 意识障碍　意识水平下降、神志恍惚、注意力不能集中以及对周围环境与事物的觉察清晰度降低等，心不在焉、走神、讲话离题。定向障碍包括时间和地点的定向障碍，严重者会出现人物定向障碍。认错了家人，把病房误认为自己家里的车库。

2. 知觉障碍　常见，包括感觉过敏、视错觉（如认错了人）和视幻觉（如看见已经过世的、不在身边的人）。患者对声光特别敏感，甚至说"家里进来鬼了""看见了过世的前辈"。

3. 思维障碍　说话跑题，言语凌乱，东一句，西一句。刚开始交流还正常，不一会儿说话就跑题了。

4. 记忆障碍　遗忘，以即刻记忆和近记忆障碍最明显，患者尤对新近事件难以识记。这一点，最容易误诊为痴呆。如不记得昨天的晚饭吃的什么,不记得昨天晚上干什么事了。

5. 情绪障碍　焦虑、抑郁、情绪不稳、紧张害怕、欣快和愤怒等。

6. 精神运动障碍　兴奋喊叫、扭动翻滚、木僵不动等。

7. 不自主运动　肢体震颤、肌肉阵挛、循衣摸床、反复做一些动作等。

作者曾在病房见到一个新入院的老年期抑郁症患者,在房间门口反复把上衣下摆系到腰前,再解开;再系上,再解开。精神检查发现患者定向力错误,不知道在什么地方,不知道上午、下午,回答问题反应慢。

8. 自主神经功能障碍　多汗、腹泻、皮肤潮红、血压不稳、心跳加快等,甚至体温升高,一般最高 37.6℃,个别可以达 39℃以上。

9. 睡眠－觉醒节律紊乱　白天嗜睡,晚上不眠、活跃、躁闹不安。

10. 一天内病情波动　意识障碍昼轻夜重,患者白天交谈时可对答如流,晚上却出现意识障碍。有人称为"日落效应",就是傍晚病情加重。

一个老年期抑郁症重度抑郁发作合并老年性谵妄患者,此前诊断为老年期抑郁症重度抑郁发作,已经电休克治疗 8 次,毫无缓解。

转我科以后，发现患者合并老年性谵妄。精神检查时，患者接触很被动，发呆发愣，没有眼神接触，不说话，不吃不喝，心率快，血压高，脸上油光光，手颤，肢体僵硬。随即改诊为老年期抑郁症重度抑郁发作合并老年性谵妄，重新制定治疗方案，在电休克同时，给予胞磷胆碱钠注射液静脉滴注，患者很快缓解。

（三）哪些老年期抑郁症患者容易发生谵妄

老年期抑郁症患者发生谵妄最常见的原因是肺部感染（41.72%），其次是药物引起的（20.51%）。

下列因素容易导致老年性谵妄：年龄增加、脑损伤史（痴呆、脑血管病、脑外伤、脑肿瘤等）、曾有谵妄史、电解质紊乱、使用精神药物、视力或听力障碍、脱水、营养不良、合并多种疾病。

（四）老年性谵妄的预后

谵妄较轻者，可能根本发现不了；严重者，可能会误诊，临床上要小心。谵妄患者，常常合并有水电解质紊乱、心脑血管疾病等其他躯体疾病。因此，合并谵妄者，往往预后不好。

老年性谵妄病死率高，住院患者病死率20%～70%，出院患者中1个月内病死率15%、半年内25%。预后差的决定因素：合并感染、心血管病、癌症、痴呆、高龄、持续时间长。

(五) 老年性谵妄的诊断

国际医学年鉴 2014 年曾刊登老年性谵妄诊断量表 (CAM-S), 简明实用, 比 DSM-5 的谵妄诊断标准好用。

1. 急性发作或症状波动。

2. 注意受损。

3. 思维不连贯。

4. 意识水平变化。

每项症状严重程度评分:缺如 0 分, 轻度 1 分, 显著 2 分。

如果评分总分 0 分为正常, 1 分轻度, 2 分中度, 3 分及以上重度。

因此, 如果有一项评分 1 分, 就可以诊断老年性谵妄。临床上据此判断, 非常灵敏, 也很准。

(六) 老年性谵妄的治疗

老年性谵妄的治疗包括支持疗法、对症治疗和病因治疗。支持疗法, 就是输液等治疗; 对症治疗, 就是控制兴奋躁动, 使患者晚上安睡; 病因治疗, 就是治疗原发疾病。但是, 相当多的患者, 并无明显的原发疾病,就是年龄太大了,脑功能减退所致。我们的临床经验,就是在上述治疗基础上,静脉滴注胞磷胆碱钠注射液,2支/次,也就是0.5克,1天1次,连续静脉输液2周,如果疗效不佳可以静脉输液3周。

在笔者医院精神科病房,谵妄患者约占全年住院患者的1/4。其中有以谵妄状态入院的,也有一部分是治疗过程中出现谵妄,甚至是其他医院治疗无效转入笔者科室的重症患者,经过上述治疗,全部痊愈。

十七、因失眠来看病的抑郁症

失眠,往往是抑郁症看病的最主要原因。

美国DSM-5失眠诊断标准如下。

　　1. 难以入睡。

　　2. 太早起床,而且难以再次入睡。

　　3. 每7天会有至少3天晚上出现失眠的困扰。

　　4. 失眠问题已经存在至少3个月。

　　5. 即便有睡觉的机会,仍然不眠。

6. 睡眠难以维持,经常睡到一半突然醒来,或者一旦醒来后就难以再入睡。

根据世界卫生组织调查,全世界范围内约有 1/3 的人存在睡眠问题。睡眠问题给人们身心带来了一系列的负面影响。

维基百科对于失眠的定义:失眠是一种不容易自然地进入睡眠状态的睡眠障碍。失眠一般会伴随着白天精神不佳、想睡觉、易怒或是抑郁等症状。

许多抑郁症患者,来看病时就说是失眠,而且因为长期失眠而痛苦不堪、忧愁担心。自己解释说,是因为长期失眠而情绪低落、发愁、心烦意乱,脑子总想不好的事情。

是失眠引起的抑郁症,还是抑郁症引起的失眠?

调查显示,大约有 70% 的抑郁症患者有失眠症状,而失眠患者中抑郁的患病率比非失眠患者高 3% ~ 4%。种种研究证据表明,抑郁症与失眠存在着双向病程关系,即抑郁症可以引发失眠,而失眠也可以引发抑郁症。不管是抑郁症导致失眠,失眠又导致抑郁症,还是失眠引发抑郁症,抑郁症又引发失眠,失眠与抑郁症就像是巨大的黑洞,恶性循环,吞噬着抑郁症和失眠患者,令其痛不欲生。

轻度失眠会使人机体免疫力和记忆力下降,头痛、发晕,让人变得焦虑、容易发脾气,从而影响正常的工作、学习和生活。

睡眠严重不足会引起血中胆固醇含量增高,增加心脏病的发生概率。此外,睡眠不足或睡眠紊乱会影响细胞的正常分裂,也会发生癌细胞突变而增加癌症的发生概率。

因此,有人讲,"失眠,就是慢性自杀"。

来自美国的一项针对 35 332 名自杀者的调研报告显示,午夜到凌晨 04:00 之间,人们自杀的概率高于白天或夜间的其他时候。研究人员认为,其中最主要的原因是失眠所导致的,预防失眠可以预防自杀。

临床发现,残留有失眠症状的抑郁症患者生活质量更差,并有更多自杀想法。而且,残留失眠症状的抑郁症,更容易复发,更容易导致抑郁症迁延不愈。临床发现,失眠往往是抑郁症患者复发的早期迹象。因此,有效控制失眠可以改善抑郁症或者预防抑郁症的复发。

2015 年欧洲睡眠研究会发布的调研报告显示,失眠可加重抑郁症的严重程度,使抑郁症的发病率升高;而失眠好转、睡眠质量改善或回归正常的话,抑郁症的发生率就会大大降低。

失眠的抑郁症患者,往往四处求医多年,甚至几十年,治疗方法无数,各种助眠仪器、安神补脑产品等,大多效果不好;或者是开始效果可以,以后效果慢慢地就越来越差。

因此,要重视抑郁症患者的失眠症状。医生经常对患者和家属讲,"能吃能睡,抑郁症就好得快"。

失眠的特点,要么入睡困难,要么容易醒,要么睡不沉,早晨醒来就说一晚上没有睡着。特别是部分失眠的抑郁症患者,睡前浮想联翩、毫无困意,或者是"晚上不困,白天不睡""黑白不困",可能还会伴有其他自主神经功能紊乱的表现。

这一类患者,得病以前,往往都属于性格外向、精力旺盛的人,或者是脾气火暴、感情用事、多愁善感等。

这一类以失眠为突出表现的抑郁症,个人认为,都属于双相情感障碍。要按照双相情感障碍的混合状态治疗,千万不要使用抗抑郁药物。

患者，女性，59 岁，失眠 20 多年，各种方法都用过。医生根据患者抑郁情绪，睡前脑子很清醒，白天也不用补觉，诊断为双相情感障碍，按照双相情感障碍治疗原则，当晚即开始安眠入睡，一直稳定。后来其子也得了抑郁症，仍然按照双相情感障碍治疗，效果良好。母子二人，都是外向性格。另一位 60 多岁男性失眠患者，失眠 10 多年，曾是包工头，伴有严重的抑郁焦虑。按照双相情感障碍伴有焦虑症状治疗，病情起伏波动，2 个月左右，患者失眠才慢慢好转。患者平时也是个急性子。

十八、青少年抑郁症

一些人认为，只有大人才会抑郁，"小孩儿懂什么"。然而事实上，儿童及青少年完全可以陷入抑郁，而且研究显示发病率正在升高。很多儿童及青少年都有悲伤或情绪低落的时候，抑郁症患病率已上升到 12.8%，每年每七八名 10 多岁的孩子中就有超过 1 人会发生具有临床意义的抑郁症。青少年女性的比例更高，为 19.4%。换句话说，每 5 名女性青少年中就有 1 人经历过抑郁症的抑郁发作。因此，偶尔出现的悲伤是成长的一部分，但如果孩子表现得很悲伤、易激惹、不再感到快乐，且持续多天仍不见好转，则可能是抑郁症的危险信号。

儿童 / 青少年抑郁的常见表现与成人略有差异,有十大典型表现。根据美国儿童青少年精神医学学会(AACAP)的观点,有如下表现。

1. 自己感到或外人观察到抑郁、悲伤、容易哭泣及易激惹。

2. 从事情中得到的快乐不像过去那么多了。

3. 与朋友在一起或参与课外活动的时间比过去少了。

4. 食欲和 / 或体重与过去相比不一样了。

5. 睡眠比过去更多或更少了。

6. 容易感到疲劳,或不像过去那样精力充沛了。

7. 感觉什么事情都是自己的错,或自己一无是处。

8. 比过去更难集中注意力了。

9. 对上学不如过去那么上心了,或者在学校的表现不如从前了。

10. 有关于自杀的想法,或想死。

有时候,孩子的抑郁看起来毫无缘由;有时候,当孩子压力很大或失去亲友时,抑郁会悄然而至。儿童青少年遭受虐待、长时间玩手机可能引发抑郁症。抑郁症可能具有家族聚集性,孩子的很多家人可能均受到过抑郁症的困扰。其他一些状况,如上课注意力不集中、学习困难、品行不好或害怕恐怖等焦虑障碍,也可能增加孩子得抑郁症的风险。

青少年双相情感障碍更容易误诊,特别是轻躁狂会被误认为是精力充沛、思维敏捷、活泼好动;而且大多无情绪体验主诉,却表现为焦虑疑病、孤独离家出走;尤其是混合发作易误诊为情绪控制不良、教育不良、坏习惯,而且大多合并其他精神疾病如焦虑抑郁、恐怖分离、厌食症、暴饮暴食、多动症、品行不好。因此,要注意行为反常,如破坏攻击、发脾气、孤独、自残自伤、厌学出走等,要注意各系统身体不适的表现,注意病程的波动性变化。

父母并不能确定孩子到底有没有抑郁，只是看着像。如果怀疑孩子存在这方面问题，可以试着问一下他们感觉如何，是否有什么事困扰着他们。直接询问时，一些孩子会说，自己很不高兴或者很悲伤；还有一些孩子会说，他们想伤害自己，不如死了算了，甚至想自杀。一旦听到这种话，周围的人应高度警惕，因为儿童／青少年抑郁症患者的自伤风险很高。最好的办法，就是赶紧看精神科医生。

一个小女孩患者，第一次来看病时才 7 岁，就是因为对她爸爸说过自杀的话，她爸爸很紧张，就赶紧到医院看病，没有耽误治疗。但是，数月之后，尽管已经使用了情绪稳定剂，患者还是出现了躁狂发作，在门诊诊室里，用手打她爸爸。

十九、合并强迫症的抑郁症

一个双相情感障碍女性患者，23 岁，常规治疗及巩固半年以后，逐步减少精神药物，仅用情绪稳定剂维持治疗。半年后病情复发，表现同前。治疗过程中，逐渐出现强迫症症状，主要是担心微波炉开关是不是没有关上。以后，又出现反复思考问题。强迫症症状，情绪低落时加重，心情好一些时减轻。已经治疗半年了，仍然没有得到缓解。

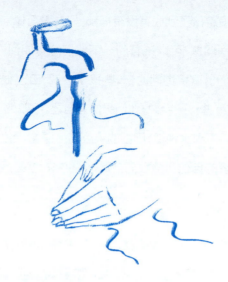

强迫症是精神科常见疾病之一，在世界范围内的终身患病率为0.8%～3.0%。强迫症症状多变，是不同表现的临床综合征，其特点是有意识的自我强迫和反强迫并存，两者强烈冲突使患者感到焦虑和痛苦；患者体验到观念和冲动来源于自我，但违反自己的意愿，需极力抵抗，却无法控制；患者也意识到强迫症状的异常性，但无法摆脱。病程迁延者可表现出仪式动作为主而精神痛苦减轻，但社会功能严重受损。其基本症状为强迫观念（强迫思想、强迫性穷思竭虑、强迫怀疑、强迫联想、强迫回忆、强迫意向）、强迫动作和行为（强迫检查、强迫洗涤、强迫性仪式动作、强迫询问、强迫缓慢）。临床表现可以是一种症状为主，也可以是几种症状兼而有之。

DSM-5 将强迫症从焦虑障碍中分离出来，与躯体变形障碍、拔毛症、囤积障碍和抓痕障碍组成强迫及相关障碍单独的诊断分类。

强迫症治疗多为部分有效,常有残留症状,容易复发,也是临床治疗中的难题。针对强迫症的残留症状和部分有效,临床上常采用联合治疗,包括药物间的联合、药物联合心理治疗或物理治疗等。

强迫症患者,大约 75% 合并其他精神疾病,因此增加了治疗难度,降低了治疗有效率。强迫症患者更容易发生抑郁症。2015 年 1 项大样本队列研究显示,强迫症患者发生双相情感障碍的风险增加了 13.7 倍,住院患者增加至 21 倍,也说明症状越严重越容易发生双相情感障碍。首次诊断为强迫症的患者,大部分不到 3 年就确诊双相情感障碍。部分抑郁症患者在起病初期,就会出现强迫症症状,部分患者是在疾病发展过程中出现强迫症症状的。

接近 50% 的抑郁症患者会出现强迫症症状。国内南京欧红霞(1998 年)等人,调查了 80 例抑郁症患者,发现抑郁症患者出现强迫症症状达 42.5%。双相情感障碍 Ⅱ 型患者强迫症的发生率可以高达 75%。而克鲁格等发现强迫症患者合并双相情感障碍的为34.2%。

一般来说,青少年双相情感障碍患者合并强迫症的概率高,而且这些患者的强迫症症状先于双相情感障碍症状出现。强迫症发病年龄为 20 岁左右,双相情感障碍也是年轻人多发。

抑郁症合并强迫症,其病程约 44% 属于循环型,病程更长,往往有双相情感障碍阳性家族史。而与单纯双相情感障碍患者相比,合并强迫症的双相情感障碍患者发病年龄较早。实际上,根据研究进展,凡是合并强迫症症状的单相抑郁症患者,要首先考虑诊断为双相情感障碍。

在双相情感障碍缓解期,仍有 35%~39% 的患者存在强迫症症状或符合强迫症的诊断标准,甚至在抑郁症缓解期间就是以强迫症症状表现为主。强迫症症状以强迫行为多见,包括反复洗手、计数、检查等。

强迫症常见的慢性持续性病程不同,双相情感障碍合并强迫症症状往往具有与心境障碍发作相伴随的特点,很多双相情感障碍患者合并强迫症存在周期性规律,如强迫症症状在躁狂 / 轻躁狂发作时消失,而在抑郁发作时出现;一些患者的强迫症症状甚至仅在抑郁发作时出现,即强迫症症状跟着心境症状走。约 2/3 的患者在抑郁状态时强迫症症状会加重,50% ~ 70% 合并强迫症的双相情感障碍患者仅在抑郁发作时出现强迫症症状。

作者体会,合并强迫症症状的抑郁症患者,在抑郁症任何阶段都可以出现强迫症症状,严重者可以达到强迫症诊断标准;强迫症症状与情绪变化有关,情绪低落时强迫症症状加重,情绪好转或者轻度躁狂发作阶段减轻或消失;强迫症症状在抑郁症混合状态患者中多见;强迫症症状严重者,可以掩盖抑郁情绪,给人一种只有强迫症症状的假象;强迫症症状轻度者,以强迫性思考多见,严重者以强迫性行为多见;强迫症症状在同一个患者,在不同的阶段可以变化,所以就有不同的表现形式;一部分患者,强迫症症状可能是使用药物诱发所致,比如使用了 5- 羟色胺和去甲肾上腺素双通道阻断剂(如文拉法辛、度洛西汀和米氮平),临床上遇到类似病例数不胜数。

这意味着对于此类患者而言,心境稳定治疗有助于同时改善双相情感障碍和强迫症症状,而无须专门使用 5- 羟色胺再摄取抑制剂治疗强迫症症状;事实上,抗抑郁药可能加重双相情感障碍,并且对强迫症的治疗起到反作用。此时,抗抑郁药的危害包括以下方面。

(1)诱发心境转为躁狂,开启新的心境循环周期,加速抑郁发作的到来。

(2)加快双相情感障碍的循环速度,导致患者出现更多的心境事件发作,伴随而来的是更多的强迫症状。

除心境稳定剂外,抗精神病药对于这些患者也可能有益,因为某些抗精神病药对于双相情感障碍和强迫症均有效。

由于许多患者表现为循环型病程,临床上将常规三种情绪稳定剂合并使用,再加上一种抗精神病药物。

二十、玩游戏成瘾、赌博成瘾的抑郁症

许多学生,玩游戏成瘾,整天坐在电脑前面或是抱着手机,玩游戏连续十几个小时。随着时间推移,学习成绩势必下滑,造成挂科、补考,甚至休学在家。家长感到脸上无光,学生也变得性格孤僻、自卑自闭、悲观失望、抑郁易怒,不敢出门,不就诊。家长不敢劝说,也不知道何处就诊,甚至强制送到社会上各种民办的网瘾戒除中心,既耽误了学生系统规范的治疗,延误了最佳治疗时机,也给学生造成了心灵伤害。

一个中学生,因为新型冠状病毒疫情,在家上网课,以至于天天玩游戏,逐渐成瘾。本来以前就经常玩手机游戏,现在变成每天躲在自己的房间里,玩游戏,长时间不洗脸、不洗澡,但是却强迫父母每天洗澡、洗头,避免感染新型冠状病毒。父母稍加劝说,该学生就大发雷霆,甚至把家里的物品摔坏。来诊时,处于抑郁状态,临床诊断为双相情感障碍;贝克抑郁自评问卷评分 42 分,属于重度抑郁状态。

一些成年人,因为好奇,或者同事撺掇、劝说,上网赌博,小试牛刀,偶然获利,加大赌本,妄想捞大钱。一旦输光了,又加大赌本,从此陷入不归路,债台高筑,导致全家为此卖房还债,患者也为此郁郁寡欢,终日闷闷不乐。

一个 28 岁的小伙子, 2017 年开始赌博, 已经赔了 40 多万元。赌博的起因是同事劝说的, 同事说:"小玩儿一把", 用手机玩儿"XX棋盘"。刚开始就是几块钱、十几块钱的投入, 慢慢地加大赌本, 一次下赌七八万元, 一次最多赚 1 万多, 一次最多赔五六万元, 一天的流水账最多 50 多万元。来诊时, 表情忧愁, 叹气, 说"心情不好时就想上网去赌博""想翻本", 一般规律是隔几天赌一次, 最长时间是一个半月赌一次。临床诊断为双相情感障碍; 贝克抑郁自评问卷评分 33 分, Scl-90 评分 189 分, 属于重度抑郁状态。

根据作者经验, 在美国的分类之外, 从患者来看病时的主诉和临床医生观察的角度, 总结了上述 20 种类型。自克雷佩林提出躁狂抑郁症是一组独立的疾病以来, 概念不断变化、扩展, 内容也不断丰富, 以至于采用双相谱系疾病似乎才能包罗万象, 把以情绪异常变化为基础的一大类情感性疾病, 暂时归为一起。其中, 严重程度有轻有重, 或大起大落, 轻者可以上学、上班, 重者完全丧失社会功能, 甚至自杀身亡; 病程变化有长有短, 短者如患者自述十几秒, 长者可以数年; 单纯者仅有情绪的轻度变化, 复杂者可以合并各种精神症状; 有的反反复复, 有的十几年才复发一次, 甚至终身仅发作一次。起病或者急性, 或者慢性。数次发作表现, 可能大不相同, 甚至完全相反。

♥ ≋ HAPPY ≋

第四讲　为什么我会得抑郁症

人,无论男女老幼,都有可能得抑郁症。但是,为什么有的人没有遭受精神打击也会得抑郁症?为什么有的人压力山大,仍然生活得潇洒、自由自在?

第一节
什么样生活环境里的人容易得抑郁症

一、遗传

多方面的研究显示,抑郁症的发生与个体的遗传素质密切相关,有40% ~ 70%的抑郁症患者有遗传倾向,抑郁症患者的一级亲属罹患抑郁症的概率高出一般人群2 ~ 4倍。遗传因素在抑郁症的发生中可能导致了一种易感素质产生,早年生活经历(如童年丧亲)也影响易感素质的形成,促使某种神经递质系统或其他生理功能的不稳定,而具有这种易感素质的人在一定环境因素的诱发下发病。在易感素质的过渡状态下,较为易感的人在较轻的环境因素影响下便可能发病,而不易感的人在极重大的环境因素影响下仍可能不发病。

二、生活事件打击

应激性生活事件与抑郁症的关系较为密切，抑郁发作前 92% 的患者有猝发生活事件。负性生活事件，如丧偶、离婚、婚姻关系不和谐、失业、严重躯体疾病、家庭成员患重病或突然病故，均可导致抑郁症的发生，丧偶是与抑郁症关系最密切的应激源。此外，经济状况差、社会阶层低下者，也易患抑郁症。

三、早年生活创伤

童年经历（包括亲子分离、幼年丧亲、父母的养育风格、儿童期性虐待、亲友关系）与社会支持系统、情感表达、婚姻及生活事件等，均会对成年期抑郁症产生影响。精神分析理论认为，抑郁症是对亲密者发生的攻击，或是未能摆脱的童年抑郁体验。

作者接诊的一位抑郁症患者，把自己在早年遭受的一系列创伤称为"痛苦链"，使自己感到无能、自卑，在心底里深深地埋下了自卑屈辱、奋发图强、仇恨与复仇的种子。每当抑郁症疾病发作，患者沉浸在抑郁心情的阴影中，这些创伤就不断地在脑海里浮现，令患者痛苦不堪。

另有一位女性抑郁症患者，22 岁，幼年丧母，父亲跑长途运输，常年在外，6 岁时就经常遭受继母殴打，父亲回来也不敢说。小学毕业后,就外出打工。她的父亲与继母离婚后又再婚,生了一个女孩儿和一个男孩儿。患者说,自从有了小弟弟后,她就更是生活在痛苦的深渊中。患者边说边哭,虽正是如花似锦的年龄,却穿着一身黑色衣服。

第二节

什么性格的人容易得抑郁症

一、性格与抑郁症的关系很复杂

同样性格的人，有的得了抑郁症，有的就没有。但是还是有一部分抑郁症，得病前有一定的性格特点。部分抑郁症存在病前性格的易感性。

二、容易得抑郁症的部分性格

克雷佩林提出环性气质者（即具有反复持久情绪波动）更易于患躁狂抑郁症，即双相情感障碍。较多的证据显示神经质的人（对正常生活事件过于担忧和焦虑）容易得抑郁症。认知行为模式认为，对环境适应能力差、遇到事容易往坏处想的性格，容易得抑郁症。

维诺克倡导"抑郁谱系障碍"，这种模式认为反社会人格和酒瘾是抑郁症状家族中的一部分。

另外，过于追求完美、自我要求比较高、比较在意外界的评价、内向性格、多愁善感的人，容易得抑郁症。人生目标太高，就不容易实现。比较在意外界的评价，脸皮薄，遇到挫折，觉得面子过不去、自卑丢人，就容易得抑郁症。

性格内向的人，遇到挫折无处倾诉，无法排遣郁闷。多愁善感的人，本身感情丰富，遇到打击，就更容易得抑郁症，而且双相情感障碍的可能性更大。

急性子、脾气大、性格外向的人，也容易得抑郁症，而且大多是双相情感障碍。性格外向的人，得了抑郁症，周围人都说"他这种性格，能说能讲，怎么能得了抑郁症呢？"。其实，急性子、脾气大、性格外向的人，平时本身可能就是不太明显的疾病状态，大家误以为就是这种性格。

第三节

什么年龄的人容易得抑郁症

一、任何年龄都可能得抑郁症

任何年龄都可能得抑郁症,但是患病率随着年龄增长而增长。

根据世界卫生组织(WHO)于 2017 年发布的《抑郁症及其他常见精神障碍》,35 岁以上患者占患者总数的 67%,55 ~ 74 岁的男性抑郁症患病率超过 5.5%,55 ~ 74 岁的女性抑郁症患病率超过 7.5%。60 ~ 64 岁女性为高危人群,患病率接近 8%。

二、抑郁症类型与发病年龄有关

单相抑郁症发病年龄较双相情感障碍晚。调查显示,双相情感障碍 I 型的平均发病年龄为 18 岁,而双相情感障碍 II 型稍晚,平均 22 岁。单相抑郁症发病年龄为 20 ~ 30 岁,平均 26 岁。

第四节

什么季节容易得抑郁症

一、任何季节都可以得抑郁症

抑郁症发病因素复杂，因此，在临床上任何季节都可以看到新发病的抑郁症患者。

相对来讲，秋季容易发生抑郁症。

这个问题，甚至不需要专门循证研究。具有数千年历史的汉字，一个"愁"字，足以说明。

［宋］吴文英《唐多令·惜别》词云：

何处合成愁？离人心上秋。纵芭蕉、不雨也飕飕。
　　都道晚凉天气好，有明月，怕登楼。

年事梦中休，花空烟水流。燕辞归、客尚淹留。
　　垂柳不萦裙带住，漫长是，系行舟。

纳兰性德《木兰花令·拟古决绝词》云：

人生若只如初见，何事秋风悲画扇。等闲变却故
　　人心，却道故人心易变。

骊山语罢清宵半，夜雨霖铃终不怨。何如薄幸锦
　　衣郎，比翼连枝当日愿。

诗词中描述的"愁",与"秋"有关。

二、抑郁症类型与发病季节有关

抑郁症好发于秋、冬季。季节性抑郁症以季节性、反复发作为特征。季节性抑郁症患者比正常人对环境的季节性变化更加敏感,常常在秋季和冬季出现抑郁发作,而在次年春季和夏季缓解。冬季型较夏季型多见,其发生常与光照的季节性减少有关,然后随着光照时间的季节性增加而缓解。有些患者在夏季有轻躁狂或躁狂的表现,提示这些患者患有季节性双相情感障碍。与非季节性抑郁症比较,季节性抑郁症患者的职业和认知功能损害较少,因而较少接受心理和药物治疗干预。大量临床研究结果提示,季节性抑郁症患者多数具有非典型特征,如食欲、体重增加,睡眠增多以及下午精力减退。一位患者的孩子说,他妈妈每年一到落树叶的季节就会犯病。

第五节

其他因素

抑郁症的原因是多种多样的,不能对所有的患者一刀切。所以,有人总结归纳以下因素也可能与抑郁症发病有关系。

一、化学失衡

大脑化学物质的平衡对健康的情绪和行为至关重要。抑郁症患者脑中的一些神经递质可能会失衡,如 5- 羟色胺、多巴胺、去甲肾上腺素、乙酰胆碱、谷氨酸及氨基丁酸等。

二、脑电波异常

大脑中有两种信号:化学信号和电信号。虽然已经有人广泛地研究了化学失衡假说,但是很少有研究涉及与抑郁症相关的神经电生理学。几个世纪以来,人们所知道的是,电休克疗法可以暂时缓解严重抑郁症的症状。

三、躯体疾病

前已述及,慢性疾病最常见的并发症之一是抑郁症。据报道,慢性疾病患者的抑郁症患病率(括号内为抑郁症患病率)为:发热(40% ~ 65%)、帕金森病(40%)、多发性硬化症(40%)、癌症(25%)、糖尿病(25%)和慢性疼痛(30% ~ 54%)。

四、药物

一些处方药可能会导致抑郁症。举几个例子,如治疗心脏疾病的 β 受体阻滞剂、用于痤疮的异维 A 酸(也会增加自杀的风险)及避孕药。根据研究,身体疾病或药物治疗可能是所有抑郁症的根源,其致病率高达 10% ~ 15%(或多或少取决于医疗条件)。

五、病毒和自身免疫

直接作用于大脑的病原体与精神症状有关。丹麦的一项研究调查了 300 多万人的医疗记录。他们发现,任何因感染而住院的患者日后患情绪障碍的风险都会增加 62%。此外,他们还报道说,自身免疫性疾病患者未来患情绪障碍的风险会增加45%。

六、激素水平

女性患抑郁症的可能性是男性的 2 倍。造成这种差异的原因有很多，但其中之一与激素水平的差异有关。根据疾病控制中心的数据，11% ~ 20% 的女性患有产后抑郁症，其中一个重要原因是激素水平的变化。

七、饮食

一项荟萃分析发现维生素 D 缺乏与抑郁症之间存在联系。另一项研究则警告要注意糖的摄入量。他们发现，在 5 年内，每天摄入 67 克或更多糖的男性比每天摄入 40 克或更少糖的男性患抑郁症的概率高 23%。

八、睡眠习惯

睡眠和抑郁症之间有着复杂的关系：不良的睡眠习惯会导致或加剧抑郁症，而抑郁症也会导致睡眠障碍。

九、媒体成瘾

过分关注、依赖社交媒体，也会导致工作效率下降，自尊心和自信心降低，并导致情绪变化。此外，一些电影或电视剧会引发一些人

抑郁。2009 年,许多《阿凡达》的粉丝表示感到沮丧,甚至有些人
有自杀倾向。

一个抑郁症患者电视上看到新型冠状病毒感染的信息,情绪特别
低落。

十、成瘾物质使用史

戒除某些药物或有某些药物使用史可能与抑郁症有关。

十一、压力

慢性压力会使皮质醇增加,并间接减少大脑神经递质,如 5- 羟色
胺和多巴胺,而这会导致抑郁症。

十二、衰老

当然,抑郁症不是正常衰老的一部分,但老年人更容易受到影响。
随着年龄的增长,会出现许多生理、社会和心理上的变化。有些人
在衰老的过程中挣扎,这可能最终导致抑郁症。

十三、居住的地方

抑郁症发病率因国家、城市和地区而异。生活在城市的人比生活在农村的人有更高的风险。风险也会随着地理位置而变化,例如,自杀率与海拔高度有关。

十四、失去生活意义或目的

那些挣扎着寻找生活意义的人,或者对死亡等概念感到困惑的人,可能会患上生存性抑郁症,或者失去寻找意义或目标的动力。

为了有效地治疗抑郁症,必须彻底探究原因,并针对每位患者设计出直接解决病因的治疗方案。

♥ ≡ HAPPY ≡

第五讲　我怎么判断自己是不是得了抑郁症

在日常生活中，个人情绪的起伏是免不了的。每个人都会经历，有些时候情绪特别好，不但神清气爽，而且工作起劲儿，对人、对事，以至对周围的世界，都觉得充满了光彩与希望；有些时候情绪特别低落，不但心情沮丧，而且意志消沉，对人、对事，以至对周围的世界，都觉得充满着灰暗与失望。不过，对一般人来说，像这种欢乐与悲哀两极性的生活感受，为时都很短暂；平常的情绪状态多处于两极的中间，随着生活中情境的变化，略有起伏而已，此即所谓的一般常态现象。如果某人的情绪状态经常处于某一极端（不是极度消沉，就是极度兴奋），或是只在两极端之间变换（忽而极度消沉，忽而极度兴奋），那就被视为心理异常中的情感障碍。情感障碍按症状的不同分为两种，一为抑郁症，一为躁郁症，也叫双相情感障碍。

第一节

有哪些表现就要怀疑得了抑郁症

一、伤心落泪

最近接诊的一名女大学生，自称"坐在那里，什么事也没有，自己的眼泪就不住地往下流",所以,来看医生,看看自己是不是得了抑郁症。无事也伤心落泪,心情肯定不好,当然是抑郁了。但是,泪点太低,遇到事就流泪,也要考虑抑郁症。

《红楼梦》第三十回"宝钗借扇机带双敲,龄官划蔷痴及局外"中说到,那黛玉本不曾哭,听见宝玉来,由不得伤了心,止不住滚下泪来。宝玉笑着走近床来,道:"妹妹身上可大好了?"林黛玉只顾拭泪,并不答应。原因就是上一回宝玉和林黛玉又吵嘴,独自生闷气。

心情低落,就是抑郁了。至于到了什么严重程度,那就再考虑其他抑郁症状以及对患者社会功能的影响程度。此时,最好首先看精神科医生。

二、悲观失望

患者情绪忧伤时,能力下降,对任何事情都是负面的看法,不但回忆往事件件俱错,而且对未来失去希望,认为将来会一事无成、没有前途。

一个温州商人,心情好时,合伙凑钱搞房地产项目;一段时间后,心情由快乐转变为忧伤,开始担心资金链断裂,认为项目搞不成了,一点儿信心都没有了。实际上,资金很充裕。

三、无欲无趣

对什么都没有了兴趣,整日无欲无求,也感受不到快乐。抑郁症的人常说,"啥也提不起来兴趣""对什么也不感兴趣"。原来喜欢的各种业余爱好活动,如琴棋书画、足球、唱歌跳舞,都不愿意做了;即便做了,也觉得没有什么意思。以前可口的饭菜,吃起来也不香了;原来喜欢看的电视节目,看得也没意思。

四、疲乏无力

抑郁症患者会告诉你,整天无精打采,没有力气,啥也不愿意干,没有劲儿,拉不动腿,家务活儿也干不动了,甚至洗脸、刷牙都不做了。说话时语速很慢,有气无力,一副病恹恹的样子。

有个中年女性抑郁症患者,夏季 2 个月没有洗澡,浑身散发着难闻的气味,家人无法靠近。

五、孤独无助

一个人心情好时,乐观向上,认为人间充满了爱,人人可亲。情绪忧郁时,就会有相反的感受,感到孤立无援,好友也离他而去,觉得人人都不理他了。

有位患了抑郁症的老干部说，"我觉得很孤独""家里很冷清"，觉得人人都是势利眼。

第二节

有哪些内心感受要怀疑得了抑郁症

一、感觉不如别人

心情忧郁时，认为自己一无是处，活得很失败，处处不如别人，对自己评价过低，产生自卑心理。

二、遇事都怪自己

抑郁症患者心情忧郁时，夸大自己的过失与错误，产生揽错心理、自责心理，甚至对自己既往的一切轻微过失或错误痛加责备，或坚信自己犯了某种罪，应该受到惩罚，严重者达到罪恶妄想（妄想，就是无中生有）。

一位老干部，得了抑郁症，认为自己在领导位子上时看病报销太多，自己有罪，应该受到惩罚，要主动找领导坦白。

《红楼梦》中林黛玉也有"揽错心理"，遇事都怪自己。宝玉因为林黛玉没有玉，就把自己戴的玉摔在地上，林黛玉就怪自己，说"今儿才来，就惹出你家哥儿的狂病，倘或摔坏了那玉，岂不是因我之过！"。

三、活够了的念头

因为心情忧郁，就自卑自责、悲观失望；严重者自己感到绝望、生活没意义、活够了，觉得自己是累赘、负担，因而产生自杀企图，甚至实施自杀行为。

第三节

我的孩子抑郁了吗

一、青少年的抑郁心情不容易发现

成年人通常可以自己寻求帮助，与此不同，青少年需要他们的家长、老师或其他监护人认识到他们的处境并带他们寻求帮助。但这其实并不容易，因为抑郁症患者并不总是表现出悲伤的样子。相反地，易激惹、愤怒以及躁动不安有可能是最明显的抑郁症症状。

青少年往往将自己的抑郁心情闷着不说，或者有时叫家长领着去看心理医生，家长往往还不以为然。其实，孩子一旦张口说出来，要求看心理医生，恐怕心理问题已经很严重了，家长万万不可大意。

十几岁的人生可能是十分艰难的。青少年面对许多压力，从青春期的变化到关于自己是谁、可以与谁融洽相处的困惑。这些混乱和不确定状态的存在使得区分正常成长的烦恼与抑郁症并不是容易的事情。

因此,青少年是抑郁症的高发群体。抑郁症对于青少年的影响远超过我们多数人所了解的程度。事实上,无论来自何种社会背景,约有 1/5 的青少年会在 13 ~ 19 岁的某段时间中得抑郁症。青少年抑郁症远不止心情不好这样简单,它是一种可能会影响到个人生活各个方面的严重健康问题,可能会摧毁孩子的人格,让他们产生强烈的沮丧、绝望或是愤怒的感受。很多逆反和不健康的行为与态度可能表明青少年正在经受抑郁症的折磨。

二、"反常"行为就是青少年抑郁症的信号

以下一些通常意义上青少年的"反常"行为,提示他们在试图以此摆脱抑郁症痛苦的情绪。家长要高度警惕孩子的下述表现。

1. 学业问题　抑郁症可能会引起精力缺乏和注意力集中困难。在学校,学生可能会有出勤问题,又或是一向表现良好的学生难以完成作业。

2. 离家出走　许多被抑郁症困扰的青少年会逃离家庭或者谈论离家出走。这些尝试通常表明他们需要帮助。一个女孩子,因为情绪低落,感到人生没有意义,和她父亲提出"要出家,当居士"。

3. 吸毒和酗酒　青少年可能会通过酗酒或吸毒试图摆脱抑郁症。不幸的是,物质滥用只会让情况变得更糟,使病情加重。

4. 自卑　抑郁症可能会使当事人感觉自己相貌丑陋,并有强烈的羞耻、失败以及无价值感,总之一切都不如别人。

5. 手机上瘾　青少年可能会通过上网来逃避问题,但是过度地使用智能手机和互联网只会让他们变得更加孤立,也让抑郁症变得更加严重。他们可以通宵达旦地玩手机、玩游戏、追剧。

6. 冒险行为　被抑郁症困扰的青少年可能会有危险或高风险的行为,比如飙车、醉酒或性行为随便。孩子自己回忆时就说"自己当时很癫狂"。

7. 暴力行为　一些青少年,通常是受过虐待的男孩子,可能变得有攻击性或产生暴力倾向。特别是有一些女孩子,也会变得野蛮、粗野起来,打架斗殴。自控能力强一些的孩子,可能仅仅表现为在家里踢踢打打、摔碗砸盆等;或者是当着外人的面不好意思,只是折断铅笔等。

8. 厌食症或暴饮暴食　青少年抑郁也与一系列其他的精神健康问题有关,包括进食障碍。此时,往往容易忽视抑郁症的诊断,误以为是为了身材苗条,或者是太馋,就是老百姓俗话说的"馋病"。往往是,每当情绪不好时,他们就会出现暴饮暴食,然后再用手催吐。孩子的手上,牙痕累累。

9. 自残行为　一些青少年,心烦郁闷,感到痛苦,无处发泄,非常容易出现自残行为,用刀片划手腕、拳击墙壁等。许多孩子的小臂,有密密麻麻的刀片划痕,极个别的甚至肌肉外翻。学校劝其休学,孩子不同意。学校为了安全,只好让家长和孩子签保证书,一旦出现意外,责任自负。问孩子为什么这样?孩子回答说:"这样心里舒服"。

需要注意的是,青少年期间得了抑郁症,首先考虑双相情感障碍,治疗时要先用情绪稳定剂,而且要避免使用某些双通道抗抑郁药物。

♥ ₹HAPPY₹

第六讲　得了抑郁症该怎么治

第一节
治疗方案介绍

一、抑郁症患者首先是找心理医生咨询和治疗

(一)患者喜欢心理治疗

许多人确诊或者是怀疑得了抑郁症以后,自己也会很紧张,也想要知道怎么治疗,怎么自己调整心理状态,以便尽快让情绪好起来,走出黑暗情绪的阴影。而且因为担心别人知道自己得了抑郁症,不敢到精神卫生机构看病,所以,首先是找心理医生咨询和心理治疗。

(二)什么是心理治疗

心理治疗,又称精神治疗,是一种应用心理学的理论和技术,治疗精神和躯体疾病的方法。

美国精神科医生沃尔伯格认为,从临床角度看,心理治疗是一种"治疗"工作,即由治疗者运用心理学的方法治疗与患者心理有关的问题。

心理治疗的作用在于医治心理疾患、缓解心理痛苦、提高心理素质。

心理治疗不仅应用于精神科的临床实践,也应在其他临床各科和预防医学的实践中,给以充分的重视,不应把"心理治疗"神秘化,或把心理治疗不加分析地看成是"唯心""玄妙""高深莫测",但也须防止简单化,单纯以政治思想工作代替心理治疗。

(三)心理治疗的局限性

心理治疗种类、名目繁多,不同学派有各种心理治疗。各国的心理治疗方法,与各国的社会、民族、文化、历史和宗教等特点密切联系。我们不能不加分析地生搬硬套,而只能吸收其中有用部分,供我们参考借鉴。几十年来的大量研究证明,各种心理治疗均各有其价值;而且也没有令人信服的资料表明,一种心理治疗特别优于其他心理治疗。即便是精神医学较发达的美国,各种心理治疗方法也各有其适应证,总体疗效类似。

其实,艾森克在后半生中始终坚持一个观点,那就是"心理治疗并不比安慰剂治疗更有效"。而安慰剂的临床疗效,大概也就是20%～30%。这也就是心理治疗的有效率。这就是为什么,抑郁症的治疗,要以药物治疗为主,心理治疗只起辅助作用。

二、患者喜闻乐见、符合自己文化传统的心理治疗就是最好的方法

世界文化多元共存,相互吸收、融合,共同发展,形成了全人类共同的社会文明。世界各民族中,具有不同文化信仰、不同价值观的人群,自有其乐意接受的心理疏导方式。

在美国,约 300 种心理治疗方法并存,维系着人们的心理健康。在中国,56 个民族,具有 5000 多年的文明史,在西方的各种心理治疗引入中国以前,人们采用林林总总的各种民间心理疗法,来缓解、疏导自己心灵上的痛苦。

那么,什么是科学? 心理治疗是从什么时候、什么年代开始,由什么人发明,并变为科学的?

著名科学家饶毅教授在北京大学吴国盛教授著《什么是科学》一书序言中说:"很多人不了解科学是人类探索、研究、感悟宇宙万物变化规律的知识体系的总称,是对真理的追求,是对自然的好奇"。

吴国盛教授在自序中说,费耶阿本德更是主张,没有什么科学方法论,如果有的话,那就是"怎么都行"。在科学史上,科学与非科学的界限从来就是模糊不清的,而且这个模糊不清的界限会随着历史的变迁而变迁。明确划定科学的界限,只会窒息科学的自由和创造精神。他认为,现代科学的主流是数理实验科学,它起源于希

腊理性科学与基督教唯名论运动的某种结合，但是，数理实验科学并不是现代科学的全部，最终酝酿出达尔文进化论的近代博物学（自然志）也是不可缺少的。技术、博物学（自然志）、理性科学三者构成了一个科学谱系。

因此，对科学的定义，随着人类社会的发展进步，也应该是不断发展变化的。

心理治疗，是一门技术。任何心理治疗效果，都可以衡量、比较。只要是能够真正解除一些人的心灵痛苦，就可以称为"正宗"心理治疗。只要能够适应患者的文化习俗，人们乐于接受，能够解决心灵创伤的心理治疗程序，就是一种心理治疗方法。

儒家、道家、佛家思想，音乐、戏剧、相声、谚语、故事，都可作为心理治疗的工具或手段。唯一的评判标准，是临床实践，是患者能否从心灵痛苦的深渊中解脱出来。西方现在又出现了叙事疗法，就是讲故事。

现代心理治疗的发展趋势是多元化。研究发现，任何一种单一的理论（情绪、认知、行为或生理的）都不足以解释心理问题的原因和心理治疗疗效的机制。现代心理治疗已经呈现出短程、折中、整合与多元化的发展趋势，以干预及时、医生水平相对较高、治疗目标明确为特征的短程心理治疗应运而生。

心理治疗的多元化,得益于佛教、道教等东方文化对西方心理治疗领域的渗透,发展出了正念减压疗法(MBSR)、接纳承诺疗法(ACT)等。

三、治疗效果是硬道理

实践是检验真理的唯一标准。疗效是硬道理,疗效是任何医学方法的通用语言。

在治病救人这件事上,疗效才是检验医学方法的"金标准"。各种心理治疗方法不同,但治病救人的目的是相同的。道路千万条,疗效第一条。与其陷入鸡同鸭讲的"科学之争",不如聚焦疗效。

对于抑郁症,认知行为治疗和人际关系的心理治疗效果可与抗抑郁药匹敌,心理治疗结合药物治疗效果比单独使用其中任何一种治疗的效果更佳。药物治疗能较快地减轻抑郁症状,但若加上心理治疗则可明显减少复发。同时发现,心理治疗的效果有差异性,换句话说,任何医生的抗抑郁药处方都可能取得较为一致的疗效,而并不是任何心理治疗师的心理治疗都能取得相同的效果。

不同疾病对心理治疗的反应也不一样。研究表明,精神病性症状越重,心理治疗收益越小,而"病感"越重,则心理治疗收益越大。

四、中国道家认知疗法符合中国文化

杨德森教授采取中国道家思想形成的精神超脱心理治疗方法，用于某些疾病如焦虑症、高血压的辅助治疗，取得了较好的临床效果。

道家认知疗法丰富并发展了心理治疗的内容，是对世界心理治疗领域的贡献。

日本的森田疗法吸取了中国道家的思想内容。美国人约翰逊和克尔兹著有《道德经与心理治疗》一书。荣格、罗杰斯、马斯洛与弗洛姆也都从中国道家吸取了有益的成分，并取得了令人瞩目的实际效果。

特别是抑郁症患者，多数人生不如意。作者在临床实践中，采用杨德森教授总结的"32字道家思想"，结合药物治疗，取得了较好的临床效果。这32字，就是"利而不害，为而不争；少私寡欲，知足知止；知何处下，以柔胜刚；返璞归真，顺其自然"。

五、心理治疗的目的

心理治疗，是通过语言、文字和周围环境的合理安排，对患者进行科学的启发、教育或暗示，促使患者认识所患疾病的本质，了解产生疾病的心理、生理和病理活动的规律及其相互关系,唤起患者的积极情绪状态,促进机体的代偿功能,增强抗病能力,在适当的医疗措施结合下,改善或消除病理状态,使病情得到好转或恢复。

心理治疗的目的在于:①使患者能认识所患疾病的性质和规律、改变患者在治病过程中的消极被动状态,主动与医生紧密配合,充分发挥主观能动性。②能正确对待疾病,树立起战胜疾病的信心和乐观的态度。③消除对疾病的顾虑、焦急、抑郁等悲观情绪和急于求成的思想。引导患者看到治病过程中的积极面,使患者处于有信心治好病的积极情绪状态中。④消除患者得病后消极心理因素所造成的心因性症状,纠正由疾病痛苦所带来的各种病态心理状态。⑤指导和启发患者去除致病的心理因素,对暂时还不可消除的心理因素,启发患者能正确对待,使致病的心理因素对患者的影响能够减轻或消失,并帮助患者改善病后与社会环境的不和谐状态。⑥使患者掌握防治疾病和巩固疗效的基本知识与具体措施。

因此,从本章节开始,按照上述所提到的心理治疗的目的,逐步展开抑郁症的治疗策略,包括药物治疗、物理治疗和各种各样的心理治疗方法。

第二节

首先去看医生，了解抑郁症知识

现实生活中得抑郁症的人很多，但是到医院就诊的人却很少。这其中很大一部分人的观点为：抑郁症是心理问题，压力的问题，靠自己心理调节就可以了。但目前越来越多的理论则是支持抑郁症为器质性疾病，与糖尿病、高血压一样，是实实在在的病。那么，是病就得治疗。到正规医院去看医生，做相应检查，这才是正确的选择。

一、照医生的话去做

到了医院，就要照医生的话去做，医生都是受过专业系统化教育的，他们的专业知识及道德素养都是毋庸置疑的。当你病了，最希望你康复的是医生，能给你最大帮助的也是医生。作为医生，他们见到过成千上万像你一样的患者，他们会根据每个人的特点制定个性化的治疗方案。

二、按时服药

很多人害怕服药后有这样那样的不良反应,因此拒绝服药。这样的担心实在是没有必要的,因为治病与不良反应比起来,还是治病更重要。光知道吃药还不够,还要按时按量服药,这样才能起到治疗的效果,早日脱离"苦海"。

三、定期看医生

所谓"病来如山倒,病去如抽丝"。疾病的康复需要过程,治疗初期,需要定期看医生,是因为起始治疗时需要调整药物剂量,需要观察药物有无不良反应,通过不断地调整达到适合患者的一个治疗剂量。到了康复期也需要定期看医生,因为定期的随访对患者恢复良好的社会功能有很大帮助。

案例:李先生,男性,37 岁,某重点大学毕业生,硕士文凭,现为公司中层。2010 年参加工作,通过自己的打拼在重庆买了房,结婚生子,并且在两年前买了车,平时喜欢打羽毛球,生活美满,家庭幸福。但最近一年李先生有点变化,总是很容易困倦,情绪不高,有时晚上睡眠不是太好,做工作的效率有些低,但是总体工作基本能够胜任。对事情的应变能力差了，比如遇到工作突然繁重，或家庭有些突发事情时，李先生会显得力不从心，或焦虑不安，总担心自己处理不好。慢慢地他开始出现一些莫名的担心，担心自己照顾不了家庭，不能给家人带来幸福的生活，他每天都很想努力工作，但收效很小，注意力不集中，记忆力也开始出问题，朋友相约去打羽毛球也不愿意去了。晚上休息不好，有时到半夜两三点睡不着，上班时会感到脑子混沌，不清醒，渐渐地养成了喝咖啡的习惯，但也不能换来充沛的精力。就这样持续了一年多，李先生重复着每天的工作，虽没有出现大纰漏，但小错误不断发生，让领导逐渐对其产生了看法。

今年年初李先生父亲生病住院，他觉得自己根本应付不了这样的突然变故，觉得自己一无是处，不能照顾好家人和孩子，工作也做不好，变得很自责，这成了压垮李先生的最后一根稻草。李先生完全像变了一个人似的，变得少言寡语，工作时丢三落四。同事也觉得李先生状态不太对，但大家都以为是其父亲住院引起的，也不好意思多问。直到李先生产生了轻生的想法，妻子发觉了李先生的情绪不对头，开始通过网络和朋友了解相关信息，并准备带他到某精神卫生中心就医。

对于看病这件事，起初李先生是抵触的，特别是去精神病医院看病，李先生更是拒绝。最后在大家的努力下，李先生还是来到了医院，进行了全面的心理评估和精神检查，最后确诊是抑郁症，已经达到重度，需要尽快接受系统的抗抑郁治疗。通过药物结合心理治疗，李先生的病情得到很大的改善。

抑郁症目前治疗效果非常肯定，只要接受系统的正规治疗，大部分抑郁症患者能够完全康复。

第三节

怎么调节自己的抑郁心情

一、面对压力,接受现实

正确认知压力,灵活调整自己的心态。例如,当你遇到不公平的事情、不协调的人际关系、不愉快的情感体验时,试试换位思考。时间是解决问题的最好办法,积极忘记过去的、眼前的不愉快,随时修正自己的认知观念,不要让痛苦的过去牵制住你的未来。相信自己是最好的、最可以依赖的。在压力太大、心情不佳时变换一下环境,例如室外观景、室内养花、对美好事物的想象等。丰富个人业余生活,发展个人爱好、生活情趣往往会让人心情舒畅,绘画、书法、下棋、运动、娱乐等能给人增添许多生活乐趣,调节生活节奏,从单调紧张的氛围中摆脱出来,走向欢快和轻松。

捷克小说家卡夫卡说:"假如世界和你发生了对立,你要站在世界的一边",接受现实不是妥协,而是帮助我们适应当下的生活,并对周围的事物和环境做出理性客观的评价,使我们不会深陷于无尽的哀怨或是沉迷于不切实际的幻想当中,使我们重新拥有勇气向各种困难和挫折发起挑战。

二、降低理想期望值

学会自我放松，可以追求卓越，但无需苛求十全十美。建立合理的、客观的自我期望值，奋斗目标要合理，有时做事可从最坏处着想，但往最好处努力。降低期望值是提高一个人幸福感的简单技巧。人的一生有无限的期望，在有限的期望满足之前以及原有的期望未能完全实现之前的每一个瞬间，都会不同程度地产生痛苦、不幸的感觉。人生就是一个不断实现期望和不断产生新的期望的过程，因而有时候降低期望值或果断地"放弃"一些不切实际的要求，也是获得可靠而又持久的幸福的必要条件。很多时候，我们愤愤不平，以为天下最不幸的人就是自己，感觉自己不幸福，其实，那只是我们把对生活的期望值放得太高了。

三、正确对待自己的优、缺点

我们应该如何看待自己和别人的优点和缺点呢？下面有个故事，或许我们可以从中领悟到些什么。在一个村庄里，有一头骆驼和一只山羊，它们经常去山坡上一起吃草、喝水。时间一长，它们就变成了朋友。可是它俩常常为谁更好而争论不休，比如身高。

山羊长得矮，骆驼就说："长得高好。"山羊说："不对，长得矮才好呢。"骆驼说："我可以做一件事，证明高比矮好。"山羊说："我也可以做一件事，证明矮比高好。"于是，他们来到一个园子旁。园子四面有围墙，里面种了很多树，茂盛的枝叶伸出墙外来。骆驼一抬头就吃到了树叶。羊抬起前腿，趴在墙上，脖子伸得老长，还是吃不着。骆驼说："你看，这足以证明高比矮好了吧？"山羊却不肯认输。

它们俩又走了几步，看见围墙有个又窄又矮的门。山羊大模大样地走进门去吃园子里的草。骆驼跪下前腿，低下头，往门里钻，怎么也钻不进去。山羊说："你看，这可以证明矮比高好！"骆驼摇了摇头，也不肯认输。

他们去找老牛评理。老牛说："你们俩都只看到自己的长处，看不到自己的短处。这是不对的。"长处和短处、优点和缺点都不是绝对的，而是相对的，在不同的环境下是会转换的。所以，我们要适当改变一下自己的思维方式,这样会有很好的意外收获。

对待缺点和优点的正确态度应该是这样的:关注别人的优点,并学习之,忽略别人的缺点;关注自己的缺点,并极力改正之,发扬自己的优点。

四、回忆有成就感的事情

我们在生活、工作中总会遇到各种各样的困难,迎难而上、不放弃的道理大家都懂,但是很多人都会因害怕失败,怀疑自己的能力而想要放弃。那这个时候成功日记就可以发挥作用。翻看之前自己做成功的事,无论大小,回忆当时做事的状态和做成了的心情,会增加自信心。所以,很有必要记录下来,并经常回顾一下也是挺好的。在一天结束的时候,拿出一个本子,记录你这一天里觉得开心,或者有成就感的小事。如果以后再遇到难题,怀疑自己,犹豫不决的时候,翻出来看看,想想自己曾经做过那么多开心的、有成就感的事,你就会相信,自己有能力处理好当下遇到的难题。

相信每一天里,我们总会有突破自己、觉得骄傲的点滴,总会有"我很重要""我是这世间独一无二的"的自信与魄力。如果没有把它记录下来,可能你会轻易把这些遗忘。我们的大脑反而习惯了记忆更痛苦的事情,而对快乐的事情则很容易遗忘。

当然,思考与焦虑同样会帮助我们成长,我们也可以在记录成功日记的时候,反省自己,这一天我怎样做会更完美。

这种反省,变成了我第二天努力去行动的动力,于是成功日记,又多了一项激励我去改变的意义。我自己就这样越写越开怀,心态越好,对生活也越来越充满感恩和期待。后来,生活中再遇到不开心的事或者难题,看着以往自己做出的那些骄傲的事、成就,回想当时的愉悦心情,我真的能感觉到能量,重新有面对难题、困扰的力量和勇气。而通过成功日记这样的方法,每天给自己留下一些鼓励,只要开始改变,一定会越来越好。

五、回忆开心的事情

其实生活中有很多快乐的瞬间,我们可以把它记录下来。当我们累了,倦了,心情不高兴时,可以多回忆下那些美好的画面,它可以使我们心情愉悦,忘却当下的烦恼,回忆开心的事情,回击糟糕的日子,重拾心情再出发。回忆是美好的,它能带给你心灵上的愉悦,每每想到那些曾经经历过的,难免会嘴角上扬。但是,我们也不能一直活在回忆里,不能一直靠回忆来支撑我们的生活。珍惜当下,将当下的生活变得美好,为以后创造更美好的回忆!

六、多接触朋友

多接触朋友,多接触那些充满正能量的人,因为能量是会传染的,如果你想有所改变,想有所作为,那么首先该做的,是去接近那些充满正能量的人,因为他们能让你意识到生活其实还充满着希望和无限可能。而更好的事情,是成为这样一个充满正能量的人,去改变、去吸引更多需要这种力量的人。然而我们同时还要面对来自方方面面的压力与困扰,这也决定了我们内心其实更多时候希望得到的是正面的能量。

总结起来,9 个字,即"拜名师、读名著、交高人"。高人,见多识广,给我们智慧、给我们方向,当然也给我们带来乐趣。

七、多进行户外活动

跑步治疗抑郁症是有科学依据的,有氧慢跑可以刺激身体释放出大量内啡肽和多巴胺、肾上腺素等神经递质,它是一种使人心情愉悦、安详、和谐及自愈的激素,与抗抑郁药物作用相似,却没有药物带来的不良反应。美国杜克大学对两组抑郁症患者进行了"慢跑疗法"与"药物疗法"对比研究后发现,两组患者治疗 4 个月后,抑郁症的症状都能明显改善,缺乏锻炼的人,情绪的不稳定性远比经常锻炼的人高。经常锻炼的人,其思维的敏捷性也相对提高,很容易意识到自己在哪方面有缺陷,又由于处在运动之中,会把令人烦恼的东西丢在一边,转移了注意力,从而改变不良的情绪。相反经常坐办公室懒于运动者,其性格内向的成分就居多,情绪一直受到压抑而不易改变。运动不仅是一种肌肉的锻炼,也是一种情绪的放松。

日光在调解人体生命节律以及心理方面也有一定的作用。晒太阳能够促进人体的血液循环、增强人体新陈代谢、调节中枢神经,从而使人感到舒展而舒适。日光照射会使人产生一系列生理变化,如红外线的热效应,会使毛细血管扩张,血液循环加快;紫外线的作用可以使黑色素氧化。晒太阳还能够增强人体的免疫功能、增强吞噬细胞活力。阳光中的紫外线有很强的杀菌能力,一般细菌和某些病毒在阳光下晒半小时或数小时,就会被杀死。

特别是对于冬季发病的季节性抑郁症,光照疗法就是很好的治疗方法。

加拿大靠近北极的地区,因为冬天长,太阳光照射不足,很多人得了抑郁症。太阳光照射到了,人们的抑郁症也就好了。

临床上,发现许多抑郁症患者不愿意出门,在家里也会把窗帘拉上。这样的患者往往阳虚,提倡多晒太阳,特别是晒后背。太阳是最大的"阳",后背有很多穴位具有补阳气的作用。还有一些中学生得了抑郁症就会说,只要阴天心情就很差,太阳出来心情就好了。

八、多看开心的娱乐节目

观赏综艺节目可以使你忘掉烦恼,放松心情,带来快乐,然后再重新整理思绪,重新以一个好的心态面对每件事情。

综艺节目出现的必然性来自我们有大量时间不能安排和不需要安排有意义的事。这部分时间称为休闲时间。这部分时间是不需要主动思考、以放松为主的。综艺节目的社会意义,不外乎给人们无聊乏味的生活增添点儿乐趣,让压力丛生的社会多点儿轻松。另一方面,也拉近了明星与普通人的生活,让普通人觉得,本来高高在上、不食人间烟火的明星,也和自己一样,会烧一手好菜,会偶遇一些生活中的小尴尬,也会说些段子。

在综艺节目没出现之前,综艺节目不是必需品。但是在出现之后,综艺节目成了必需品。搞笑是现代人所追寻的,平时在公司会被领导训斥,回到家后需要一些娱乐的项目,就在这时综艺节目出现了,正好迎合了人们的需要,何乐而不为呢?不需要过多纠结综艺节目的意义,它的出现就是为了让人们缓解压力。

九、保持乐观心态

有人说生活就像一面镜子,可以反映我们的心态。笔者觉得这句话很有道理,照镜子的时候,不同的心情会有不一样的结局,如果是乐观的心态,镜子里面的我们就会很漂亮,可以吸引周围的人;如果是消极的心态,镜子里面的我们就会特别丑陋,周围的人也不会喜欢我们,可能还会讨厌我们,不愿意和我们在一起玩儿。所以,当觉得自己没有朋友的时候,应该适当地反思一下,看一下自己的行为是否得当,如果想要认识非常多的朋友,应该具有乐观的心态,换种心情就会发现这个世界很美丽。

生活是自己的,你的悲观情绪也只能影响到你自己。你身边的人如果发现你一直非常悲观的话,他们可能就会慢慢地远离你,到时候你就会觉得更加无助。你也不能怪这些朋友,这只是人的一种本能罢了。谁都想和乐观的人接触,因为和他们相处起来会更加开心。

乐观是内心强大的一种体现,内心强大了才会有能力、有勇气去面对遇到的任何挑战与烦恼。生活的阅历、人生观、积极向上的生活态度都是与内心有关的。想要内心强大,平时就要多去积累生活经验、阅历,保持一种积极向上的生活态度。自信的人必定是乐观的人,因为遇到困难或者烦恼能够自信地去面对,自信地去解决,自信对于一个人来说是很重要的,自信的人有一种无形的气场。而这种气场,恰恰是乐观生活态度的基础。所以,要培养自信。

乐观的生活态度是一种积极的态度,而有些人总是难免会有忧虑,整天脑子里总是想着消极的事情,总感觉会为自己带来不好的影响。这种忧虑的心态需要我们去避免,因为忧虑不仅会让我们对生活变得厌恶,心情也会消沉。乐观的生活态度需要避免忧虑。乐观的生活态度是没有烦恼的,有烦恼就要努力去解决,有时候一些烦恼也是由于一些小事情引起的,对此种烦恼不要太较真儿。经常读书的人见识广,对事物的理解、对生活的态度是积极向上的,每天抽点儿时间看看书,有助于培养自己乐观的生活态度。在读书的同时,不仅增长了自己的学识,而且会对生活产生具有逻辑的思考,树立正确的价值观。

十、旅游

旅游能让你以不同的新视角看世界。在习惯于特定生活方式后,我们的思想容易变得封闭和僵化。我们都容易把个人问题想象成全世界最糟糕的事情。但在你看到其他人的遭遇后,会改变这一看法,并学会以正确方式看待事情。在看到有类似或更差经历的其他人时,我们都不会继续被以前的想法困扰。这能帮助你减轻压力或抑郁。如果与另外的人，甚至一个小组一起旅行，能通过分享新的经历让每个人变得更亲密。

十一、运动

国外托马西等人，为大约 100 名住院的精神病患者建造了一个健身房，让他们进行 60 分钟锻炼，并接受营养知识培训。心理治疗师在运动前后对患者的情绪、自尊和自我形象进行了调查，来评估运动对精神症状的影响。

结果发现，运动后患者报告的愤怒、焦虑和抑郁程度较低，自尊心较强，整体情绪得到改善。95% 的患者报告说，在按照程序锻炼后，他们的情绪有所改善，而 63% 的患者报告说，在锻炼后，他们感到快乐或非常快乐，而不是中立、悲伤或非常悲伤。91.8% 的患者报告说，他们对自己按照程序锻炼后的身体感觉很满意。

笔者经验，让抑郁症患者做一些锻炼，比如跳舞、踢足球、打篮球，甚至打扑克牌等，都是比较好的活动。最好是几个人一起进行的活动，这样在运动的同时，还能与别人进行交流和互动，本身就起到了心理治疗的作用。

十二、传统健身法

陈某得了抑郁症以后,就靠自己打坐、禅修,治好了自己的抑郁症。

陈某,不知道被多少人羡慕。成名后,金钱来得太多,来得太快。而突如其来的名声与财富,消灭了他通过进取获得的快乐与希望,开始走向个人的低谷。他每当离开家,就变得特别恐慌,总觉得得到了财富,就会失去一些什么,觉得自己仿佛置身空中楼阁,一切都是不真实的。2003 ~ 2006 年,他通宵失眠,觉得人生没有意义,整个人都充斥着不安、厌世与迷茫,他将自己的银行卡与密码全部交给家人,就怕自己哪一天会突然死去。他说:"有几次我靠近窗户,差点儿跳下去"。他内心的慌乱、无助、痛苦,只有自己明白。

2007 年,他开始寻找让自己安静、放松、平稳下来的方法。他起初是通过转移注意力的方法,也就是我们常说的逃避,但这样的方法却治标不治本。慢慢地,经验告诉他自己:解决问题,不是由外而内,而是由内而外。他终于找到了那个方法——打坐。

打坐让人的内心变得安静。在打坐时,人能放松下来,专注于呼吸,使内心归于平静,身体和心灵才有了真正的对话与接触。就是在打坐的过程中,他才明白,坦然面对现实才是解决问题的唯一方法。他说:"如若不是禅定打坐,我早已迷失在名利场了!"

1 年以后,2008 年,陈某走出抑郁困境,重获新生。通过打坐,他摆脱了抑郁症,成为了新的自己。

他在微博上写道,打坐时,背一定要直。臀部后半部垫高一些,可垫棉垫或较薄的枕头。这样,可以使腰部自然伸直,避免打坐时因腰肌疲劳慢慢弯腰曲背的弊端。头正颈直、下颌微收、舌抵上腭部。坐好以后,在面前放一面镜子,看一看自己头是否保持在正直的状态,找到头正颈直的正确感觉。这样可自动纠正体内的不平衡与气脉。

≡ HAPPY ≡

第七讲

得了抑郁症吃哪种药物好

第一节

提高情绪的药物

一、抗抑郁药物概述

从药物治疗抑郁症开始,一共先后开发出来十大类抗抑郁药物,为解除抑郁症患者的痛苦立下了汗马功劳,而且药物在疗效越来越好的情况下,不良反应也越来越少、越来越轻,甚至不会影响患者的日常生活、工作和学习。最早开发的药物,临床已经不再使用,甚至只有历史意义了;新一代的药物,疗效类似,只是不良反应不同。本节所介绍的药物,均应该在医生指导下服用。以下按照大致开发年代顺序列出各类药物。

单胺氧化酶抑制剂:吗氯贝胺。

三环类:阿米替林,氯米帕明,地昔帕明,丙米嗪,曲米帕明,多塞平,去甲替林。

四环类:马普替林。

α-肾上腺素受体拮抗药:米安色林,米氮平。

选择性去甲肾上腺素再摄取抑制药:瑞波西汀。

5-羟色胺阻滞药和再摄取抑制药/5-羟色胺转运体调节剂:曲唑酮,伏硫西汀。

去甲肾上腺素多巴胺再摄取抑制药:安非他酮。

选择性5-羟色胺再摄取抑制药:氟西汀,氟伏沙明,帕罗西汀,舍曲林,西酞普兰,艾司西酞普兰。前五种,临床上习惯叫"五朵金花"。

选择性5-羟色胺和去甲肾上腺素再摄取抑制药:文拉法辛,度洛西汀,米那普仑。

5-羟色胺受体拮抗剂/褪黑素受体激动药:阿戈美拉汀。

针对抑郁,除了前文讲的各种治疗方法及自我调节措施外,根据抑郁的严重程度,必要时需配合药物治疗,而药物治疗的基础就是各种关于5-羟色胺的假说。首先我们要明白何为"5-羟色胺"?5-羟色胺是体内产生的一种神经传递物质,我们摄入的各种营养物质可参与合成5-羟色胺,这些营养物质包括色氨酸(一种氨基酸)、ω-3脂肪酸、镁和锌。5-羟色胺会影响人的食欲、睡眠、性欲以及情绪。5-羟色胺的种类很多,而不同的5-羟色胺在人体中的作用也不尽相同。人们通过药物调整体内各种5-羟色胺的浓度,治疗相应不同的疾病。

目前临床上常用的新一代通过 5- 羟色胺治疗抑郁症的药物主要
有 6 种。它们的共同特点是升高脑内 5- 羟色胺的浓度,从而提高
人的情绪,改善抑郁症状。它们通常需要连续服用 2 ~ 4 周的时
间才会起效,而每种药物的有效剂量、如何服用等都需要在医生的
指导下完成。通常药物都会有一些不良反应,而且因为每个人的
体质不同,表现出来的身体不适症状也各不相同。因此,在刚开始
药物治疗阶段,要密切联系自己的医生,将自己的情绪变化、身体
感觉等情况及时告知医生,按照医生的医嘱要求服药。总体上来
说,这类药物的常见不良反应有性功能障碍、胃肠道反应(食欲降
低、恶心、腹泻、便秘、口干)、失眠、镇静、激越、震颤、头痛、头晕、出
汗等。通常这些不适的感觉都是可以耐受的,偶尔不能忍受的,医
生也会通过调整治疗方案或给予对抗药物治疗从而消除,但有些
严重的药物不良反应需要引起注意,比如罕见的癫痫发作、诱发躁
狂等。这些情绪变化医生在服药前就会叮嘱患者,一旦出现,立即
停药。因为人体内的 5- 羟色胺种类繁多,所以如果与其他药物一
起服用,也需要提前告知你的医生,防止药物出现相互作用。因此,
在看下面每种药物的详细介绍前,笔者还需要再次强调,每种药物
的选择甚至具体的服药剂量,一定要严格按照医生的医嘱执行,切
不可自己随意更改。尤其以下 6 种药物不能与老一代抗抑郁药联
合使用,换药方案也有严格要求。每种药物的增加或停止使用,都

必须在医生的指导下进行。因为每个人的体质不同、生活方式不同、抑郁症状也不同，专业的医生能更准确地把握，减少不必要的麻烦。

单胺氧化酶抑制剂、三环类、四环类的部分药品，目前临床基本上不用了。去甲肾上腺素多巴胺再摄取抑制药、选择性 5- 羟色胺再摄取抑制药、选择性 5- 羟色胺和去甲肾上腺素再摄取抑制药、5- 羟色胺再摄取抑制药 /5- 羟色胺受体调节剂，以及 5- 羟色胺受体拮抗剂 / 褪黑素受体激动药，是目前临床上使用极为广泛的药物。

二、选择性 5- 羟色胺再摄取抑制药

♥ 氟西汀

剂量范围：治疗抑郁症和焦虑症时 20 ～ 60mg/d，治疗贪食症时 60mg/d。

优点：可用于不典型抑郁症，比如伴有睡眠多、食欲大、疲乏、精力差等症状的患者。对于心肌梗死后的抑郁治疗效果好。对精力疲倦的患者具有提神的"激活"作用，可改善注意力。高剂量时治疗厌食和暴饮暴食效果好。

缺点:肝脏损害、老年患者需减量使用。伴有厌食症、激越、失眠等症状的患者不适宜使用。不能与老一代药物合并使用。

💙 帕罗西汀

剂量范围:20 ～ 60mg/d,起始剂量10 ～ 20mg/d,需要等待数周才能确定是否有效,每周增加10mg。

优点:失眠或焦虑在治疗早期就可缓解,镇静作用好。

缺点:不适用于睡眠过多的患者、阿尔茨海默病患者、认知障碍患者及伴有疲乏、精力差的患者。伴有肝肾损害的患者和老年患者使用时应减少剂量。停药时应缓慢减量,容易出现停药反应。对性功能影响明显。

💙 氟伏沙明

剂量范围: 治疗抑郁症100 ～ 200mg/d,治疗强迫症100 ～ 300mg/d。

优点:可以快速起到抗焦虑和抗失眠的作用。适合治疗抑郁焦虑混合的患者。对强迫性障碍、焦虑障碍疗效好。

缺点:不能用于治疗伴有肠易激综合征和多种胃肠道不适的患者。

💙 舍曲林

剂量范围:50 ~ 200mg/d。

优点:已批准用于治疗儿童强迫症,是治疗不典型抑郁(如睡眠过多、食欲增加)的一线用药,尤其对疲乏和精力差的患者效果较好,改善精力、动机和注意力效果好。

缺点:不宜用于治疗伴有失眠、肠易激综合征的患者。

💙 西酞普兰

剂量范围:20 ~ 60mg/d。

优点:较其他抗抑郁药更易耐受,适合老年人。

缺点:缓慢加药,镇静作用比较明显。

💙 艾司西酞普兰

剂量范围:10 ~ 20mg/d。

优点:为西酞普兰的提取物,纯度更高,作用更加持久稳定,目前临床上应用较多。

耐受性好,不良反应少,对体重影响小。起效速度比较快,对严重抑郁效果好。

三、新一代通过 5- 羟色胺和去甲肾上腺素治疗抑郁症的药物

新一代通过 5- 羟色胺和去甲肾上腺素治疗抑郁症的药物可以称为提高情绪的药物,比如增加愉快感、增加快乐感、增加做事情的兴趣和热情、增加自信心等。

这一类药物,不能用于双相情感障碍患者。因为容易诱发躁狂发作,进而使病情恶化,造成抑郁症难治。

♥ 文拉法辛

剂量范围:治疗抑郁时 75 ~ 225mg/d,缓释剂可以顿服,非缓释剂分成 2 ~ 3 次服用;治疗广泛性焦虑时 150 ~ 225mg/d。最大药物剂量 225mg/d。

优点:适用于迟滞性抑郁、不典型抑郁伴焦虑者,有躯体症状(如伴有疲乏和疼痛)的患者。

缺点:患有高血压或临界性高血压的患者不宜使用。胃肠道刺激比较明显,尤其恶心症状突出。

💜 度洛西汀

剂量范围:60mg/d。

优点:伴有躯体不适症状的抑郁症患者首选,尤其对慢性疼痛效果明显。可用于治疗糖尿病性疼痛性神经病变、纤维肌痛,可改善老年抑郁症患者的认知症状。

缺点:升高血压。有闭角型青光眼的患者慎用。

四、其他作用途径抗抑郁药物

💜 曲唑酮

剂量范围:150 ～ 400mg/d。

优点:临床上常用来治疗睡眠障碍,治疗失眠时不会产生依赖,可辅助其他抗抑郁药物治疗失眠和抑郁症状,极少引起性功能障碍。

缺点:不适用于乏力、睡眠过多的患者和难以忍受镇静不良反应的患者。

💜 米氮平和米安色林

米氮平剂量范围:15 ～ 45mg/d。

米安色林剂量范围:30 ~ 90mg/d,睡前服用1次。

优点:适用于特别担心性功能障碍的患者、焦虑症状突出的患者、失眠患者。尤其可以作为单一抗抑郁药治疗效果不理想时的合并用药。

缺点:体重增加明显。

💙 安非他酮

剂量范围:75 ~ 400mg/d。

优点:除可抗抑郁外,还可用于戒烟的联合治疗。相对不良反应小,对性功能影响小,对体重增加影响小,适用于迟钝型抑郁症和对其他抗抑郁药疗效不明显或不能耐受的抑郁症患者。

缺点:癫痫或厌食症、贪食症患者慎用。

💙 瑞波西汀

剂量范围:4 ~ 12mg/d。

优点:擅长改善社会功能和职业功能,可用于伴有疲劳、无动力、认知障碍的患者。

缺点:心脏疾病及肝、肾功能不全等慎用。

💙 阿戈美拉汀

剂量范围:每晚 25 ~ 50mg,睡前服用。

优点:睡前一次服用,对睡眠改善好。目前,可能是最不容易引起躁狂发作的药物。

缺点:在使用阿戈美拉汀时发生血清转氨酶升高,在开始应用新治疗前,所有患者都应进行肝功能检测,并在治疗期间定期复查。禁止与某些药物(如氟伏沙明、环丙沙星)联合使用。

五、老一代药物

其实,老一代抗抑郁药物在临床上已经不作为一线抗抑郁药物的首选,根本原因是对人体的损伤明显,出现不良反应时症状比较严重,影响日常生活、工作和学习,而且不容易纠正或消除。除非反复换用多种新型抗抑郁药物,或多种抗抑郁药物联合使用时治疗效果仍不理想,才会考虑使用老一代抗抑郁药。换药最好在医生的严密监护下进行,原来的药物多需要一段时间的药物排泄期才能使用新药物,否则就容易导致患者的抑郁症状加重。

💙 吗氯贝胺

剂量范围:300 ~ 600mg/d。为降低不良反应,需饭后服。目前,临床很少使用了。

♥ 丙米嗪、阿米替林、多塞平、氯米帕明、马普替林

上述药物作用于人体的部分比较分散，不良反应也比较突出而广泛，且与其他药物联合使用时更容易出现药物不良反应，故在临床上使用非常有限，但氯米帕明对强迫症的治疗效果突出，临床上有的基层医生还会选择它治疗强迫症。

第二节

稳定情绪的药物

一、碳酸锂

剂量范围:急性期 1800mg/d,维持期 900 ~ 1200mg/d。

优点:适用于抑郁症情绪不稳症状比较突出者,或作为难治性抑郁增效剂使用,对降低自杀风险效果明显。

缺点:因锂的治疗剂量与中毒剂量比较接近,故在使用时应定期到医院检测血锂浓度,防止造成中毒。在使用碳酸锂治疗时,患者应能简单识别中毒症状,如震颤、腹泻、恶心、过度镇静等。所以,治疗期间应定期复查,由专业医生帮助判断。

笔者经验,血锂浓度影响因素较多,如每天喝水偏少、出汗较多者,在服用同样的剂量时,血锂浓度就可能偏高,容易出现不良反应。另外,碳酸锂可能会增加得银屑病(俗称牛皮癣)的风险,要注意,对少部分患者也可能会引发痤疮、脱发等不良反应。下述的情绪稳定剂,基本上都有皮肤和毛发方面不良反应出现的可能性,可能与患者的体质或敏感性有关，目前还不能事先估计患者是否可能出现这方面的不良反应。另外，心跳慢的患者，碳酸锂的应用要谨慎，因为碳酸锂可能会减慢部分患者的心率。

新产品，碳酸锂缓释片，疗效一样，但手颤、胃肠道等不良反应较少，受到患者的欢迎和临床医生的喜爱，临床应用逐渐增多。笔者经验，服用剂量或药片数量相对较少，患者容易接受。

2014 年《柳叶刀》杂志回顾了从 1970 ～ 2012 年各种有关情绪稳定剂的研究，发现在躁狂抑郁症总的预防复发疗效方面，碳酸锂仍然是首选。

二、丙戊酸盐类

该类药物主要用来抗癫痫，但因其具有稳定情绪的作用，临床上也用作情感稳定剂，最适合于抑郁症混合发作类型。该类药物容易导致过度镇静和体重增加。部分女性患者可能会存在脱发明显和多囊卵巢综合征、月经紊乱、闭经患病率增高的风险。一部分患者最常见的还有恶心等胃肠道不良反应，可能与剂量大或患者敏感有关。部分患者还可能会出现血小板减少、皮肤出现瘀斑等。

剂量范围：躁狂发作 1200 ～ 1500mg/d。

2014 年《柳叶刀》杂志认为,碳酸锂并用丙戊酸盐的临床疗效,比两种药物单用要好。笔者在临床中,基本上采取碳酸锂与丙戊酸盐合并使用的方法,当然剂量可能要小一些。

1. 丙戊酸钠片

剂量范围:起始剂一次 250mg,每日 2 次;第 3 日 500mg,每日 2 次;第一周末 750mg,每日 2 次。最大一日剂量不超过 3000mg。

优点:经典老药,临床应用比较广泛,价格便宜。

缺点:分次服用,尤其剂量大时,为减轻胃肠道刺激,需分多次服用。

2. 丙戊酸钠缓释片

剂量范围:1000 ~ 2000mg/d。最大一日剂量不超过 3000mg。

优点:该药物为"双丙戊酸盐",包含丙戊酸和丙戊酸钠两种成分,丙戊酸很快进入脑内,所以起效快,可以一次服用,而且减轻了丙戊酸钠片的胃肠道不良反应。若有胃肠道刺激症状或剂量较大时,可以分次服用。该药对临床医生"常见"

却又"难认、难治"的双相情感障碍混合发作疗效较好。

3. 丙戊酸镁缓释片

剂量范围:600 ~ 1200mg/d。最大一日剂量不超过 1600mg。

优点:治疗双相情感障碍混合发作疗效好。

缺点:女性患者可能存在明显脱发和多囊卵巢综合征、月经紊乱、闭经患病率增高的风险。

三、拉莫三嗪

剂量范围:25 ~ 400mg/d。

优点:不引起体重增加。特别是妊娠、哺乳妇女,老年人和儿童,可以作为首选。

缺点:可能引起皮疹。开始用药时,每天 1 片,小量起步,缓慢加量,2 周加量 1 次,每次加量要小,1 次加 1 片,也就是 25mg。

所有的情绪稳定剂,只有拉莫三嗪是唯一可以在妇女妊娠期、哺乳期使用的药物。对此,美国(2005 年)和中国(2011 年)相继形成专家共识,一致认为:拉莫三嗪,是妇女妊娠期、哺乳期,儿童和老年人中,唯一都可首选的药物。

其他的情绪稳定剂,怀孕头 3 个月禁止使用,以免出现畸胎。

其他情绪稳定剂,如卡马西平、奥卡西平、加巴喷汀及托吡酯等,临床应用较少,不予介绍。其中,卡马西平对快速循环型情感障碍疗效较好,但是因为皮肤过敏的不良反应,现已经较少使用。

四、抗精神病药物

抗精神病药物,严格意义上,目前还不能叫作情绪稳定剂。虽然,新一代的抗精神病药物,能够治疗躁狂、缓解部分抑郁、消除妄想,但是还没有肯定的证据,证实这些药物都能够预防抑郁症的复发,防止抑郁转为躁狂或者躁狂转为抑郁。

新一代抗精神病药物,如奥氮平、喹硫平、氯氮平、利培酮、帕利哌酮、阿立哌唑、齐拉西酮、鲁拉西酮等,临床上可以根据药物的不良反应选择用药。老一代的抗精神病药物如氯丙嗪等基本上不用了,仅仅氟哌啶醇针剂,临床上还用于双相情感障碍躁狂发作的急性期治疗。

2014 年《柳叶刀》的研究认为,奥氮平和喹硫平对下述发作疗效较好:任何躁狂抑郁复发、躁狂 / 混合发作复发、抑郁复发。而且治疗躁狂或混合发作,奥氮平优于所有其他药物。利培酮长效针剂对除了抑郁复发以外的任何情绪发作疗效都较好。

而且,美国指南也建议,奥氮平与氟西汀合剂,治疗单相抑郁症重度抑郁发作效果较好。

笔者经验认为,抑郁症治疗,特别是对有幻觉、妄想和躁闹、狂暴的患者,或者发作频繁,是联合使用抗精神病药物的条件指征。双相情感障碍症状复杂,合并症多见,需要联合治疗,奥氮平、喹硫平等药物,合并其他情绪稳定剂使用,治疗所有的发作类型,能够取得治疗效果最大化。

第三节

缓解紧张焦虑的药物

一、苯二氮䓬类

苯二氮䓬类俗称"安定类""安眠药类"。该类药物有氯硝西泮、阿普唑仑、艾司唑仑、劳拉西泮、地西泮等。在治疗急性期抑郁、紧张、焦虑等症状时起效快，效果明显，往往会有"立竿见影"的效果。但一方面是容易造成"上瘾"，而且停止使用也必须在专业医生的指导下缓慢进行，在临床使用时，必须有专业医生的监督和指导；另一方面，剂量大一些，患者就会感到走路不稳，自己说就像踩棉花套子、没有脚后跟，说话时感到舌头短、不灵活，忘事多，脑子昏昏沉沉、不清亮，说就像头上顶着个锅盖。

二、5- 羟色胺受体部分激动药

以前运动员比赛前紧张，常常服用阿普唑仑等"安定类"药物，情绪镇定下来了，但也会影响成绩发挥。士兵打仗前同样感到紧张不安，服用阿普唑仑等药物，紧张情绪缓解了，但是影响了战斗力。

为此，美国人发明了丁螺环酮，避免了上述不良反应，情绪也能得到安抚镇定。之后，日本人又发明了坦度螺酮。

5- 羟色胺受体部分激动药，俗称"螺酮类"。该类药物有丁螺环酮、坦度螺酮等。对治疗焦虑或焦虑抑郁混合状态效果好，治疗焦虑起效速度相对较快，不产生成瘾和戒断症状。但作为抗抑郁药物的增效剂使用时，起效相对较慢，往往需要 4 周才能明显见效。这一类药物的最大好处，就是很少有"安定类"药物的不良反应，因而受到患者（特别是学生、公务员等脑力劳动者）的喜爱。

"安定类"和"螺酮类"各有特点："安定类"药物见效快，服药以后大概也就十来分钟，焦虑、紧张不安就能缓解，但是有安眠作用，剂量稍微大一点儿，服用者白天上班的时候可能就有点儿打不起精神，脑子反应慢；"螺酮类"基本上没有安眠作用，没有镇静作用，白天服药以后不会困，但是见效要慢一点儿，一般在四五天到一周开始见效，但也有个别患者，服药以后 2 小时就见效了。区别就是起效快慢的问题和镇静、嗜睡的不良反应。

患者还有一个最担心的问题，就是"安定类"药物成瘾，怕一辈子离不开或者影响大脑，担心痴呆了。其实，正规治疗量不会成瘾，除非乱用药、不按治疗原则用药（就是滥用）。总的来讲，成瘾还是很少的。

作者一般将"安定类"和"螺酮类"同时应用,因为"安定类"药物见效快,可以快速缓解患者的紧张不安,1周以后"螺酮类"开始起效,以后巩固一段时间,1～2个月,再逐渐地把"安定类"药物慢慢减量,一直到最后完全撤掉,仅使用"螺酮类"药物巩固治疗。这样使用效果不错,起效快,又避免了"安定类"药物的滥用或成瘾。

第四节

抑郁症原则上怎么治疗

我国和国际学术组织制订了相关指南,抑郁症治疗原则条目内容较多,也较为详细。而且由于采用研究结果不同,各种指南也存在不尽一致的标准。临床医生,喜欢操作简单、实用。根据个人经验,原则上的内容,应该简明扼要、实用为宜。

一、单相抑郁症治疗原则

单相抑郁症治疗是以抗抑郁药物为主的全病程综合治疗原则。

全病程治疗分为急性期治疗、巩固期治疗和维持期治疗。

综合治疗,包括药物治疗、心理治疗、物理治疗、补充或替代治疗等。

(一)急性期治疗

急性期治疗(8 ~ 12 周):目的是控制症状,尽量达到临床治愈与促进功能恢复到病前水平,提高患者生活质量。

急性期治疗很重要,急性期治疗效果决定了患者疾病的结局和预后,需要合理治疗以提高远期预后和恢复社会功能。

影响急性期治疗方式选择的因素很多,如临床症状特点、伴随病症、既往用药情况、患者的意愿和治疗费用、患者的治疗依从性等。

1. 改良电休克治疗(MECT) 可以快速缓解症状,尤其适用于拒食、自杀等紧急情况。

2. 经颅磁治疗仪(rTMS) 急性期选择经颅磁治疗仪(rTMS)治疗的支持性证据较少,多用于程度较轻的门诊治疗的抑郁症。

3. 心理治疗 对于轻度抑郁症患者可单独使用,尤其适用于不愿意或不能采用药物治疗或电抽搐治疗的患者。中、重度抑郁症患者推荐心理治疗联合药物治疗。

4. 药物治疗 是主要的治疗方法。一般不主张联用 2 种以上抗抑郁药物,尽量单一用药,足量、足疗程。

5. 补充或替代治疗(CAM) 被广泛用于抑郁症和其他精神疾病患者,在某种程度上是由于人们普遍相信"自然是更好的"。临床上需要首先考虑心理治疗和药物治疗,CAM 只是作为一种附加治疗方式。 CAM 具体包括以下几类:物理治疗法(如光照疗法)、睡眠剥夺、运动治疗、针灸治疗、营养食品疗法(包括 ω-3 脂肪酸、S

腺苷基蛋氨酸、脱氢表雄酮、色氨酸、叶酸等）。目前一些研究证据仅提示光照治疗可以用于有季节性特征的抑郁症患者，特别是在加拿大地区。

因为加拿大北部冬季数月不见太阳，冬季抑郁症多发。加拿大研究认为，光照疗法可以用于季节性抑郁症的急性期治疗。

（二）巩固期治疗

巩固期治疗（4 ～ 9 个月）：在此期间患者病情不稳定，病情容易反复或加重，巩固期治疗的目的是巩固疗效、预防波动，原则上应继续使用急性期治疗有效的药物，治疗方案、药物剂量、使用方法保持不变。

为了防止巩固期抑郁症病情波动，要合并心理治疗，使患者坚持服用药物治疗，防止停药。因为，此时患者总是认为自己的抑郁症已经治好了，用不着再继续吃药了。而且，还会告诉医生说，"是药三分毒""吃药时间长了，会有不良反应，会伤大脑，会伤肝伤肾"等。所以，巩固期心理治疗的目的之一，就是要避免患者过早减少药物剂量，疗程不够，治疗不彻底，会造成症状长期不消失，疾病久治不愈。

在急性期 MECT 治疗有效的患者，应该继续使用药物治疗。药物和心理治疗无效的患者应该使用 MECT。

（三）维持期治疗

维持治疗时间的研究尚不充分，一般倾向至少 2 ～ 3 年，多次复发（3 次或以上）以及有明显残留症状者主张长期维持治疗。持续、规范的治疗可以有效减少抑郁症的波动或复发。维持治疗结束后，病情稳定，可缓慢减药直至终止治疗，一旦发现有复发的早期征象，应迅速恢复原治疗方案。

为了减少复发，在抑郁症巩固期疗程结束后，应该进入维持期治疗。维持治疗剂量大，预防效果更好，但是剂量太大，不良反应就多，患者就不愿意服药了。所以，最好的剂量，应当效果稳定、不良反应最小。WHO 推荐如果只发作了一次（单次发作），症状轻，完全好转时间≥5 年者，一般可不维持治疗。

既往有 3 次及以上抑郁发作或者抑郁症久治不愈的患者，如果存在复发风险的附加因素，如症状没有完全消失、起病年龄早、长期的心理社会压力、有抑郁症家族史，则需维持治疗。长期的心理社会压力，包括失业、经济困难、长期重病缠身、家庭不和或破裂。抑郁症家族史，不仅包括家族中有得抑郁的人，还包括比如酗酒或有酒瘾、性格反常、轻生者或脾气大、老吵架的人等。何时停止药物维持治疗，我国指南建议，患者尽量不要在假期前、重大事件（比如结婚）及突发性事件打击时结束治疗。在停止治疗之前，应告知患者存在抑郁症状复发的可能性，并应确定复发后寻求治疗的计划。复发概率最高的时间是在结束治疗后的 2 个月内。停药后，仍应对患者进行数月的监督。若症状复发，患者应该再次接受一个完整疗程的急性期治疗。

二、双相情感障碍治疗原则

双相情感障碍治疗以使用情绪稳定剂为基础的多种药物联合的全病程综合治疗为原则。

双相情感障碍全程治疗[《中国双相障碍防治指南（第二版）》]

分期	治疗目的	治疗时间	要点
急性治疗期	控制症状，缩短病程	一般 6～8 周（难治性病例除外）	药物治疗为主：治疗应充分，并达到完全缓解，以免症状复发或恶化
巩固治疗期	防止症状复发，促进社会功能的恢复	抑郁发作 4～6 个月，躁狂或混合性发作 2～3 个月	主要治疗药物（如情绪稳定剂）应维持急性期治疗水平不变，配合心理治疗（防止患者自行减药或停药，促进其社会功能恢复）
维持治疗期	防止复发，维持良好社会功能，提高患者生活质量	多次发作者，可考虑在病情稳定达到既往发作 2～3 个循环的间歇期或 2～3 年	确诊患者在第二次发作缓解后即可给予维持治疗；密切观察下，适当调整药物剂量；去除潜在社会、心理不良因素及施以心理治疗，提高抗复发效果

1. 以情绪稳定剂为基础治疗　即不论双相情感障碍为何种临床类型,必须首先以情绪稳定剂为主要治疗药物,在使用情绪稳定剂的基础上可谨慎使用抗抑郁药物,最好不用同时具有 5- 羟色胺和去甲肾上腺素作用的药物。全病程治疗可分为三个阶段,即急性治疗期、巩固治疗期和维持治疗期。

2. 联合用药治疗　根据病情需要可及时联合用药。药物联用方式有两种或多种情绪稳定剂联合使用,心境稳定剂与苯二氮䓬类药物、抗精神病药物、抗抑郁药物联合使用。

联合国国际麻醉品管理局第一副主席、世界卫生组织(WHO)精神卫生顾问郝伟教授,陆林院士主编的《精神病学》第 8 版教科书中提出,双相情感障碍比单相抑郁症容易复发,几乎一生中以循环方式反复发作,应坚持长期治疗,预防复发。若第一次发作且经药物治疗临床缓解的患者,药物的维持治疗时间多数学者认为需 6 个月至 1 年;若为第二次发作,主张维持治疗 3 ~ 5 年;若为第三次发作,应全病程、长期维持治疗,甚至终身服药。维持治疗药物的剂量应与急性期治疗剂量相同或可略低于急性期治疗剂量,但应嘱咐患者定期随访观察,同时给予心理治疗并加强社会支持。

临床中很难做到维持治疗药物的剂量与急性期治疗剂量相同,主要原因是患者病情缓解以后,药物不良反应会越来越明显,比如手颤抖等,从而影响日常生活。此时,医生就必须缓慢减少药物剂量。

英国皇家精神科医生协会 2006 年提出的双相情感障碍长期药物治疗的前提是，双相情感障碍如果出现伴有危险后果的躁狂发作、双相情感障碍Ⅰ型 2 次以上发作、双相情感障碍Ⅱ型明显的社会功能损害、自杀、发作频繁，要维持治疗 2 年。如果存在复发危险因素，如频繁复发史、严重精神病发作合并物质滥用（如酗酒）等、经历生活事件打击、社会支持缺乏（如缺少亲朋好友）等，要维持治疗 5 年。

> 双相情感障碍Ⅰ型，就是指在整个病程中，出现过明显的躁狂表现，比如打人、摔东西等。
>
> 双相情感障碍Ⅱ型，就是指在整个病程中，出现过明显的轻度躁狂表现，可能没有影响正常的生活、工作和学习。

至于混合性发作巩固治疗期，《中国双相障碍防治指南（第二版）》中认为需要 2 ~ 3 个月，笔者认为时间太短。因为混合性发作心境事件发作时间更长、缓解期更短，2 ~ 3 个月巩固时间根本不够。混合性发作巩固时间至少半年到一年。

笔者经验，无论单相抑郁症，还是双相情感障碍，尽管是第一次发病，全病程治疗也要坚持 2 年，特别是每年都要经历抑郁症的高发季节，比如秋、冬季。如果疾病总是反反复复，时间上耽误不起，更何况带来精神生活的痛苦，以及对事业的影响。如果是青少年发病,就是影响一辈子的事情,还会给家庭和社会带来沉重的负担。而且,如果是多次发病,或者是病程 2 年以上,笔者就采用 2 ～ 3 种情绪稳定剂合用,但是剂量要比单用偏小,以免增加不良反应。

相当多的患者,第一次发病后的发病形式往往变成具有混合特征的形式,就是同时具有抑郁和躁狂的表现,或者抑郁和躁狂发作交替太快,一天或数天之内,抑郁和躁狂反复发生。类似患者,作者都是采取碳酸锂、丙戊酸盐与拉莫三嗪联合使用,同时再合并一种抗精神病药物。基本上不使用抗抑郁药物。

国内曾经在全国 10 个省市级医院做过一项调查,发现情绪稳定剂使用率为 80.7%。躁狂组情绪稳定剂使用率为 84.7%;抑郁症组只有 55.8% 使用了情绪稳定剂。基层医院只对 63.6% 的双相情感障碍患者使用了情绪稳定剂,首选使用的碳酸锂仅占 17.1%,丙戊酸钠占 54.3%,丙戊酸镁占 22.9%。

没有使用情绪稳定剂的患者,很容易诱发躁狂发作,出现快速循环型或混合发作病程的恶化形式,造成长期不愈,影响生活、工作和学习,影响人的一生。

抗抑郁药物服用多长时间会诱发躁狂,这个不一定,有的一周之内,有的两三年。躁狂发作形式上,有的患者会告诉你,心里很急躁,什么事都想干,但是自己能努力控制住。有的患者,就会出现大吵大闹、破口大骂的严重躁狂发作。

有一个患者服用两三年抗抑郁药物后,出现了重度躁狂发作,后改诊断为双相情感障碍,使用了两种情绪稳定剂,加上一种抗精神病药物,后来又加上一种情绪稳定剂,两年以后,患者的病情慢慢地控制下来,逐渐稳定。

综合治疗,就是采用与上述单相抑郁症相同的综合治疗方法,除了药物治疗外,还要采用心理治疗和物理治疗(如 MECT)、补充或替代治疗等。

三、药物选择原则

精神科药物选择最主要的原则,就是根据药物的不良反应以及患者对药物不良反应的耐受程度选择用药。治疗抑郁症药物同样如此。需要注意的是,双相情感障碍患者的治疗,尽量不用 5- 羟色胺／去甲肾上腺素双通道抗抑郁药物,如文拉法辛、度洛西汀、米氮平,还有老药多塞平、阿米替林、氯米帕明等。因为,这一类药物,在治疗期间,最容易引发部分抑郁症患者出现躁狂发作,导致病情恶化。

药物治疗抑郁症,应该是在医生指导下使用,自己不要盲目使用。

第五节

妊娠期和哺乳期抑郁症患者可以服药吗

一、妊娠期和哺乳期也是抑郁症高发人群

妊娠期和哺乳期的妇女,也是抑郁症高发人群。还有一些人是因为服用精神药物导致月经不调,造成意外怀孕。此时,患者和家人,都很纠结。一方面,担心服药可能造成胎儿畸形;另一方面,又担心不使用药物可能会造成抑郁症复发,并且可能会因为精神病病情波动影响胎儿发育。

二、妊娠期和哺乳期的药物选择

司天梅教授曾撰文总结,大家可以参考。

B 级,属于无证据表明对人类有风险的药物,包括:常见抗精神病药,如氯氮平、鲁拉西酮;常见抗抑郁药,如马普替林、丁螺环酮、唑吡坦、美金刚、加兰他敏。

C 级,不能排除致畸风险,但是妊娠期用药的获益仍可接受,包括:

抗精神病药,如利培酮、喹硫平、奥氮平、齐拉西酮、阿立哌唑、帕利哌酮、伊潘立酮、氟哌啶醇、奋乃静、氯丙嗪、三氟拉嗪、氟奋乃静、哌泊噻嗪、硫利达嗪;抗抑郁药,如西酞普兰、艾司西酞普兰、氟西汀、氟伏沙明、舍曲林、文拉法辛、度洛西汀、曲唑酮、米氮平、安非他酮、米那普仑、维拉佐酮、阿米替林、多塞平、氯米帕明、地昔帕明;其他如拉莫三嗪、奥卡西平、托吡酯、加巴喷汀、多奈哌齐、扎来普隆、佐匹克隆、艾司佐匹克隆、托莫西汀、莫达非尼、司来吉兰、普瑞巴林。

D 级,证据表明有风险,可能利大于弊,妊娠女性用药的潜在获益仍可接受,包括帕罗西汀、丙米嗪、去甲替林、碳酸锂、丙戊酸盐、卡马西平、阿普唑仑、氯硝西泮、地西泮、劳拉西泮、奥沙西泮、咪达唑仑。

X 级,是妊娠期禁用药,包括艾司唑仑、三唑仑、替马西泮、氟西泮。

稍加说明,2005 年美国专家共识认为,拉莫三嗪是癫痫患者目前或未来有生育要求、希望避孕、计划哺乳女性患者的唯一首选治疗药物。2011 年中国专家共识认为,拉莫三嗪是健康育龄期妇女特发性全面性癫痫与症状性部分性癫痫的首选用药。

一个怀孕 8 个月的抑郁症患者,接诊时焦虑激越,从怀孕 3 个月时就开始焦虑抑郁,患者极力要堕胎,认为是胎儿造成的精神状态不好。医生开具处方拉莫三嗪和丁螺环酮联合治疗,并且给患者解释,一般只要超过 3 个月以后,药物造成胎儿畸形的可能性就很小了。还有几个女性抑郁症患者,妊娠期 6 个月左右发病,当时仅给予喹硫平治疗,目前母亲和孩子都很健康。

因此,如果用药,尽量避开妊娠前 3 个月。

♥ ≋ HAPPY ≋

第八讲 都说中成药好，不良反应少，
我该吃哪种药比较好

第一节

如何区分抑郁情绪的中医证型

一、抑郁症的中医治疗也需要中医辨证

抑郁症,根据中医辨证,也存在不同的类型。而且,同一个抑郁症患者,在不同的病程阶段,也会有不同的证型表现。

中成药对抑郁情绪有一定的调节作用,不良反应相对较少,而中医治疗是以证型作为用药基础,所以不同的中成药也有其各自的适应证和证型,服用药物前需要在医生的指导下选择。虽然抑郁症有主要的核心症状,但不同的患者可能表现出不同的伴随症状,中医则依据这些不同进行辨证,然后选择适合的药物治疗。因此,在了解各种治疗抑郁症的中成药前,首先需要对抑郁症的中医证型有大概的认识,而具体辨别患者属于哪一种中医证型,这需要结合全身的症状表现来综合判断。需要特别说明的是,下面所介绍的各种证型中涉及的脏腑功能不是与西医实际解剖中的器官功能完全对应的。

中医学认为,人的各种情绪可以大致概括为怒、喜、忧、思、悲、恐、

惊七种,简称为七情,是人们在面对外界各种刺激下产生的正常生理和心理活动。当人们面对生活中各种事件或问题无法解决时,出现情绪过度或身体异常反应,就会导致疾病产生,中医称之为情志病。抑郁症属于中医学中的情志病,抑郁症的主要表现从中医角度看可以与忧、思、悲、怒大致对应,与中医学中的肝密切相关,主要是肝气郁滞所致。

二、抑郁症的常见证型

1. 肝气郁结　这类患者常伴有情绪不稳定,胸部满闷,两侧胁肋部胀痛,但往往没有固定的疼痛点,或者腹部胀闷,嗳气打嗝,不愿意吃饭,大便可能不成形,舌苔薄腻。这是由于肝郁气滞,脾胃失和,属于肝气郁结证。

2. 气郁化火　这类患者往往性情急躁,容易生气着急发火,可能感到胸部和胁肋部位胀满,口苦口干,或者有时会头痛、耳鸣,胃中反酸不适,大便多偏干,舌质红,舌苔黄。这是肝气郁滞化火、横逆犯胃所致,属于气郁化火证。

3. 痰气郁结　这类患者会感觉胸闷如塞,胁肋胀满,除此以外,患者常常感觉咽中好像有痰或者异物梗塞,吞之不下,咯之不出,但饮食并不受影响,舌苔白腻,这属于痰气郁结证。这一证型中的痰并不是指呼吸系统疾病中可以咯出的有形之痰,而是中医中的特殊概念"无形之痰"。

4. 肝郁脾虚　患者多有明显的抑郁表现,情绪低落,悲观厌世,表情沮丧,不愿意吃饭,形体消瘦,面色萎黄,这属于肝郁脾虚证,是较为常见的抑郁症中医证型。

5. 心脾两虚　患者情绪抑郁,思虑较多,容易疲劳,可能会伴有头晕,常感到心慌,容易忘事,失眠多梦,没有食欲,面色萎黄,舌质淡白,舌苔薄白,这属于脾虚血亏、心失所养的心脾两虚证。

6. 心肾阴虚　这类患者也会表现出情绪不稳定,常伴心慌、健忘,有时患者会感觉手心、脚心发热,心烦,失眠多梦,夜间睡眠时盗汗,口咽干燥,舌质偏红,少津液,这属于心肾阴虚证,是由于阴精亏虚、阴不涵阳所致。

第二节

各种治疗抑郁情绪的中成药

一、常用的中成药

下面介绍几种可以用于治疗抑郁症的中成药,这些药物的适应证和证型有所区别,如同前面所讲,其中有些药物的功效并非针对抑郁症这一种疾病,而是针对某一种证型,所以如何选择适合的药物仍然需要专业医生的指导。

♥ 舒肝解郁胶囊

药物组成:贯叶金丝桃、刺五加。

功效:疏肝解郁,健脾安神。

用量:每次1粒,每日2次,早、晚各1次。

适用于肝郁脾虚证患者,表现为入睡困难,早醒,多梦,紧张不安,没有食欲,疲乏无力,可伴有胸闷、多汗、疼痛,舌苔白或腻。

♥ 解郁丸

药物组成:白芍、柴胡、当归、郁金、茯苓、百合、合欢皮、甘草、小麦、大枣。

功效:疏肝解郁,养心安神。

用量:每次 4g,每日 3 次。

适用于肝郁气滞、心神不安的患者,表现为胸肋胀满,郁闷不舒,心烦、心慌,易怒,失眠多梦。

♥ 乌灵胶囊

药物组成:乌灵菌粉。

功效:补肾健脑,养心安神。

用量:每次 3 粒,每日 3 次。

适用于心肾不交证患者,表现为精神疲劳,乏力,腰膝酸软,头晕耳鸣,有气无力,不想说话,失眠、健忘、心慌、心烦。

♥ 越鞠丸

药物组成:香附、川芎、栀子、苍术、神曲。

功效:理气解郁,宽中除满。

用量:每次 6 ~ 9g,每日 2 次。

适用于以胸脘痞闷、腹中胀满、饮食停滞、嗳气反酸为主要表现的患者。

💙 加味逍遥丸

药物组成:柴胡、当归、白芍、炒白术、茯苓、甘草、牡丹皮、栀子、薄荷。

功效:疏肝清热,健脾养血。

用量:每次 1 丸,每日 2 次。

适用于以两胁肋胀痛、心烦、易怒、精神倦怠、食欲不佳、月经不调为主要表现的患者。

二、辨证施治,灵活使用

上述是几种具有代表性、可用于治疗抑郁症的中成药,实际在临床中,中医治疗往往非常灵活和个体化。

同样是抑郁症,不同的患者可以有不同的主要表现,有的患者症状以心烦、易怒为主,有的患者症状以失眠为主,有的患者抑郁表现明显,有的患者躁狂表现明显,他们的证型之间或多或少会有区别。

同一患者的症状并不会一直固定不变;同一个患者,不同的阶段,会有不同的表现;同一个患者的证型也并非一成不变,证型仅代表疾病发展到某一阶段脏腑功能的异常改变情况。所以,中草药可以进行药味的加减变化,中成药可以和中草药合并使用,针灸的穴位选择也可以进行改变,这些变化均是以患者的实际临床症状为中心的。

当服用某种中成药一段时间后症状没有改善或者出现变化,提示可能患者的中医证型发生了改变,建议患者及时前往正规医院咨询及寻求专业指导。

♥ ≡ HAPPY ≡

第九讲　身体有别的病时，我心情不好怎么治

第一节

身体不舒服是原有疾病加重还是因为抑郁情绪

俗话说，人吃五谷杂粮，什么病都可能得。身体有了病，会引发心情不好，加重身体不舒服，或者使身体疾病久治不愈。另一方面，长期心情不好，处于抑郁状态，造成身体抵抗力下降，容易得病，反过来又会加重心情不好。

一、抑郁症的常见躯体症状

抑郁症有时浑身不适感觉比忧郁情绪还明显，所以患者会到综合医院各科就诊。浑身不适可以有下列各科表现。

1. 心血管内科　心慌、胸闷、胸痛、心动过速、心脏停搏感、心前区不适、血压不稳等。

2. 神经科　头痛、头晕、头部昏沉感、耳鸣、颈部疼痛、腰背部疼痛、手部震颤等。

3. 消化科

口咽部：口干、口苦、有异味、咽部咽下异物感等。

胸部：胸闷、憋气、胸痛等。

上腹部：嗳气、呃逆、食欲不振、饱胀、烧灼感、疼痛、上腹不适等。

下腹部：腹胀、腹痛、腹鸣、腹泻、便秘等。

肛门部：缺乏便意、排便不畅、排便费力、排便不尽感、肛门坠胀感、肛门灼热感、肛门疼痛等。

4. 耳鼻喉科　持续性头晕、非旋转性头晕、视觉性眩晕、共济失调等；咽部异物感、烧灼感、咽痒感、梗阻感、呼吸不畅等。

5. 妇产科　盆腔、前腹壁、腰骶部或臀部疼痛。

女性更年期症状

自主神经功能失调症状：月经紊乱、面色潮红、心悸、失眠、乏力、情绪不稳、易激动、注意力难以集中等。

经前期症状：偏头痛、腹胀、腹泻、手足肿胀、易激动、坐立不安、注意力不集中、抑郁、焦虑、紧张、睡眠紊乱等。

---

6. 男科　前列腺区域不适或疼痛、排尿异常、尿道异常分泌物等。

> 男性更年期症状　生理功能症状、血管舒缩症状、精神心理症状、性症状等。

7. 中医科　失眠多梦、头晕头痛、神疲乏力、脘腹胀满、恶心纳呆、胸闷气短、胸背疼痛、四肢酸痛、尿频、便秘、烦闷等。

二、容易发生抑郁症状的身体疾病

临床各科伴随抑郁症的疾病包括:各科恶性肿瘤,如肝癌、肺癌、胃癌、乳腺癌、前列腺癌;突发毁容与失明,截肢;男、女性生殖器官摘除手术,如子宫切除、睾丸切除;内分泌疾病,如糖尿病、甲状腺疾病;发作性心脑血管疾病,如心肌梗死、中风等;重要脏器(如心、肝、肺、肾)功能衰竭与器官移植,疗效不好的慢性躯体疾病与性病;慢性酒瘾与药瘾。这些人群因不易识别出抑郁症,导致误诊、误治或者自杀。因此,要重视这类群体的情绪状况。

上述重大疾病会给患者带来生活打击,因病致贫、因病返贫、因病失业,也容易引发抑郁症。贫困、失业、突发事件等生活压力和疾病都是抑郁症的诱发因素。

第二节

身体疾病合并抑郁症怎么治疗

在配合医生治疗身体疾病的同时，可以采取自我调整和中医药、针灸等治疗手段。

一、了解有关疾病的知识，树立信心

身体得了病，特别是大病，比如器官衰竭、各种癌症等，内心开始都是不相信，随后就是紧张害怕、焦虑抑郁，失去了生活的信心和勇气。因此，首先要给患者讲解有关疾病的科学知识和现代医学的进步，减轻和打消患者的恐惧心理，树立战胜疾病的信心，使其配合医生治疗。

二、自我调整心态，自我排解情绪

（一）面对现实

正视现实，接受现实，灵活采取多种心理应对方法。"不管风吹浪打，胜似闲庭信步"。对任何困难都要抱有希望，没有过不去的坎

儿,当时觉得是个坎儿,过一阵子就都不是事儿了。努力回忆事情经过的积极方面,主动找乐。

(二)调节情绪的感受

调节情绪的感受和体验,控制情绪的流露,转移注意力,就可以转换产生情绪的背景,避免睹物思情。

(三)保持乐观主义

乐观主义能够促进精神健康,乐观主义有助于事业成功,能够正确应对心理危机。

《酬乐天扬州初逢席上见赠》

〔唐〕刘禹锡

巴山楚水凄凉地，二十三年弃置身。

怀旧空吟闻笛赋，到乡翻似烂柯人。

沉舟侧畔千帆过，病树前头万木春。

今日听君歌一曲，暂凭杯酒长精神。

刘禹锡被贬谪在巴山楚水这荒凉的地区，算来已经二十三年了。二十三年的贬谪生活，并没有使他消沉颓唐。正像他在另外的诗里所写的"莫道桑榆晚，为霞尚满天"，他这棵病树仍然要重添精神，迎上春光，表现出了坚韧不拔的意志。

因此,一定要保持乐观主义。在艰难困苦的环境下,如何克服困难、摆脱逆境、消除悲观失望心态,有人总结了 12 个字,即"找优点、找好处、找成绩、找进步"。

(四)学会善用休闲

休闲活动能够促进心理健康,会休闲就是会生活。以个人兴趣为主,与工作性质互补,如室内工作性质可以进行户外活动,脑力劳动可以进行体力活动,个体工作可以和朋友相聚。以方便、简单、易行为宜,不需要做过多的准备工作,与伙伴同欢共乐,一种活动内容可以实现多种目标,爱好广泛了,活动形式和内容就多种多样了,生活就感到有意义了。

三、针灸、太极拳等非药物疗法

很多慢性躯体疾病无法完全治愈,如慢性阻塞性肺疾病、冠心病、脑梗死等,需要长期服用药物来控制。长期的疾病状态下,患者的心情往往也会受到影响。有的患者非常在意自己的身体状况,时常会感觉身体不舒服,如胸闷、心慌、头晕、身体某些部位疼痛等,去医院检查可能并未发现原有疾病加重或新发疾病,或者即使规律服用治疗躯体疾病的药物,症状仍然没有得到很好的缓解;还有的患者会因为躯体疾病难以治愈,消极看待自己的疾病,长期处于低落的情绪中,这几种情况在老年群体中也很常见。在躯体疾病合并抑郁症的情况下,可以进行药物疗法和非药物疗法的配合治疗,比如针灸和太极拳等。

躯体疾病合并抑郁症的患者,除了心情不好外,往往还会出现躯体疾病的常见症状发作,根据具体病情选用适当的穴位进行针刺治疗,结合语言疏导,可以解除症状,控制病情。

针灸治疗的基本原则以调神理气、疏肝解郁为主,穴位选取以督脉、手厥阴、手少阴和足厥阴经穴为主,针对不同证型及症状选取主穴和相应配穴进行治疗,主穴可以选取水沟、内关、神门、太冲、后溪、三阴交等。针灸治疗的穴位选取非常灵活,结合具体证型和躯体症状,可以选择多个配穴,不仅对抑郁情绪有调节作用,还对躯体疾病有治疗作用。若是肝气郁结,可以配曲泉、膻中、期门;气郁化火者,可以配行间、侠溪、外关;痰气郁结者,可以配丰隆、阴陵泉、天突、廉泉;心神惑乱者,可以配通里、心俞、三阴交、太溪;心脾两虚者,可以配心俞、脾俞、足三里、三阴交;肝肾亏虚者,可以配太溪、三阴交、肝俞、肾俞。

四、中医药治疗

除了上述针灸治疗,躯体疾病合并抑郁症也可以选择中药治疗,可以辨证后,灵活选取中药汤剂兼顾躯体疾病和抑郁情绪,这更适合躯体疾病症状明显而抑郁症较轻的患者。例如,很多冠心病患者

（特别是老年患者）会伴有抑郁症状，患者可能表达自己有时会感到胸闷、气短、心慌、乏力、食欲不佳等，做心电图、冠状动脉 CT 或造影等检查排除了新发病变，中医认为这种情况可以选用活血化瘀、疏肝行气的中药进行治疗，当然，不同的患者会有不同的症状表现，实际情况下中医治疗仍然是需要根据患者的具体症状综合判断，辨证后选择具体的药物进行加减组方。

中药汤剂与中成药是不同的中药剂型，汤剂的药物加减更加灵活，中成药服用相对方便，两者之间可以相互配合，共同达到治疗效果。当患者出现躯体疾病症状合并抑郁症状时，如果想寻求针灸或中药治疗，建议患者去正规中医院或综合医院的针灸科、中医科进行规范治疗。

五、使用治疗抑郁症的药物

可以选择使用西药治疗，见第七讲。

♥ ≋ HAPPY ≋

第十讲

家人得了抑郁症，家属
怎么办

家人得了抑郁症，家属都很着急、害怕，觉得这个病如果没断根，还会再犯，所以思想负担会比较重。除了担心紧张，束手无策，不知道怎么办才好之外，也不知道怎么和抑郁症患者打交道，怎么相处？

首先，家属要树立信心，放下思想包袱，正确看待疾病，对这个病本身不要害怕，抑郁症能治好，治好了以后不影响患者成家立业，就是说并不影响患者的社会和职业功能。

其次，除了医生的治疗外，能够给予患者最大帮助的就是亲情，家属的帮助与支持也是治疗抑郁症的关键因素。此外，患者的家人还应该了解有关抑郁症的相关知识和照护技巧，才能更好地照顾患者，帮助患者顺利康复，防止反复。

抑郁症是一种慢性病，容易反反复复，有可能伴随患者一辈子，严重的会影响患者的学习、生活和社会功能，并且会给家庭带来很大压力，包括经济、精神压力。所以，家属既不能紧张，也不能掉以轻心，要严格按照医生的话去做。最重要的就是要防止抑郁症反复发作。

第一节

了解有关抑郁症的知识

一、了解抑郁症临床表现的知识

（一）情绪低落是最基本的表现

抑郁症临床表现千差万别，每个人可能都不一样，表达方式也不同，但是不管怎么样，心情忧郁时，忧伤、伤心是抑郁症情绪低落最根本的内心感受。有的患者会直接说："最近我感到忧郁，悲伤"，有的人常诉说："我感到不愉快，不高兴"，有的人只是说感到心里不舒服、心里闷，还有些患者以躯体不适为主诉，如失眠头痛、后背发紧、肛门坠胀、长期腹泻等。

一位患者，长期肛门坠胀感、疼痛难忍，全国拜访名医诊治无效，甚至做过手术仍未愈，肛肠科医生建议看精神科医生。患者后被确诊为双相情感障碍，采用双相情感障碍的治疗原则、方法，治疗半年痊愈。以身体不舒服为主要表现的人，会忽视忧郁情绪，首先到综合医院门诊看病，甚至会分析自己是因为身体不好心情才不好的，从而导致误诊误治，抑郁症长期迁延不愈。

现在教科书中的诊断标准认为,除了刚才提到的情绪低落外,再加上兴趣缺乏、精力减退,就是抑郁症的核心表现。

兴趣缺乏,就是没有什么事喜欢干、没有心情去做,干了也觉得没什么意思。一个音乐老师,平时就喜欢乐器演奏,到处教课,后来变得沉默寡言,乐器根本不动了。

精力减退,就是无精打采,没有劲头儿,干一点儿事就觉得累,一般的家务活都不干了,在家里发呆愣神。

有些老年人还会告诉你,没有心情,悲观失望,感到孤独,废物一个,做的事情没什么价值,即表现出"五无"(无兴趣、无望、无助、无用、无价值),这更是抑郁症最主要的、最基本的症状表现。

(二)抑郁症发作有规律性

大部分患者有上述表现,无论是心理还是身体不舒服,会有一个规律,就是早晨严重,下午或晚上减轻,他会说晚上就轻松多了。

一位女性患者,早上4点钟醒来,就心烦、坐立不安,到了下午4点钟左右,就慢慢好了,天天如此。吃了2个多月的药,也不见效。最后,诊断为双相情感障碍,加用了情绪稳定剂,病情逐步缓解。

除了每天晨重晚轻外,到了秋末冬初,大部分患者抑郁症会加重或者复发。一个患者的女儿说,一到冬天落树叶的时候,她母亲就发病。一般来说,北方落树叶的时间,大约就在中秋到冬至期间。

北极地区冬天抑郁症非常多,又叫冬季抑郁症,从秋季开始持续整个冬季。夏天,人们往往精力充沛、不知疲倦,随着日光的延长人们的社交时间也在变长。可是到了冬季,就要考虑在冬季漫长的黑夜中如何面对精神上巨大的空虚。当地居民称"黑暗的季节生活确实困难,除了见不到阳光,冬天恶劣的天气、大量的积雪、寒冷的气温都是令人绝望的"。

女性抑郁症患者,来月经前的几天,会感到烦躁等抑郁症状加重,月经过后立即缓解或减轻。

所以,家属要了解患者情绪波动的规律性,在什么时候患者最容易愤怒,在什么时候感到内疚,什么时候会过于狂喜。在好发季节,一是注意观察患者的情绪、饮食起居的变化;二是看医生,进行药物剂量调整。这样有助于家属做到心中有数,提前预防。

二、了解引发抑郁症高危因素的知识

生活中,有人遇到小事,就得了抑郁症;有人受到生活打击,仍然健康地生活着。所以,抑郁症可能与很多因素有关。除了遗传外,还与早年丧亲或家庭成长环境不良,个人性格缺陷、社会能力差、文

化水平低导致谋生技能差,近期有重大的不愉快的生活事件、长期
贫困、缺乏社会支持、长期得病影响生活、应用激素药物或产后等
因素有关,重点介绍以下几个方面。

(一)抑郁症家族遗传史

抑郁症患者的后代,特别是子女,比普通人群容易得抑郁症,而且
发病年龄早,多数 30 岁以前发病,并且容易反反复复。关系越近,
越容易发病。

一对正在读高中的男性双胞胎,一对正在读初中的女性双胞胎,都
得了抑郁症,而且差不多时间得的病。另外一个女性抑郁症患者
的女儿、外孙女先后得了抑郁症。这三个家庭,都没有出现比较大
的生活变故。少部分患者,得了抑郁症后,询问家族史,也没有发
现三代亲属中有得抑郁症的。

(二)突如其来的生活打击

人生中较大的生活变故,是抑郁症的主要危险因素。一些不好的
生活事件,我们叫作负性生活事件,如丧偶、婚姻不顺、失业、严重
躯体疾病,家人得了重病或突然病故(如老年丧子、中年丧夫、幼年
丧父)。生活中,很多这样的例子。一位 20 多岁的小伙儿,性格
开朗、外向。他的义父去世 1 个月余,抑郁情绪还没有调整过来,
整天闷闷不乐、伤心落泪。

（三）家庭条件差，社会支持少

收入少、经济状况差、贫困，长期得病、因病致贫，缺少亲戚朋友支持，容易得抑郁症。但是，现在一些收入高、职位高的人，追求理想目标高，上升机会少，竞争激烈，遭遇挫折，也容易引发抑郁症，特别是双相情感障碍。

（四）个人因素

性格因素，也是引发抑郁症的关键原因之一。

现实生活中，一个人的性格若是积极向上、开朗豁达，朋友就多，对突发事件的心理承受能力强大，面对任何事情都能乐观向上，如果遇到难过的事情，会找朋友诉说，心里就没有郁结。这样性格的人不容易得抑郁症。

如果一个人少年成长经历坎坷，如早年丧亲、缺少母爱、与父母关系不好或是生活在单亲家庭等，长期郁郁寡欢、自卑，性格内向，朋友少，社会适应能力差，遇到不顺心的事自己闷在心里，都是抑郁症的高危因素。

性格决定人生，性格决定命运。抑郁症患者家属，应该了解到，内向、孤僻、认真、固执、敏感多疑性格容易引发抑郁症。内向、孤僻的人不善于表达，会将压力和负面情绪堆积在心理，长期如此就会陷入绝望之中。认真、固执的性格，做事情太过于追求尽善尽美，达不到心目中的标准就会落差极大，自卑自责。固执又喜欢钻牛角尖，许多问题想不透彻，"一头钻进死胡同"出不来。这样的恶性循环，加重了心理压力，最终导致抑郁症发作。敏感多疑，感情表现过于细腻，对于常人轻而易举可以应付的情绪压力，对于敏感多疑性格的人，情绪压力则会成倍加大。

一个人性格的形成是受先天因素和后天因素综合影响的。先天因素固然重要，但后天的教育和受到家庭、社会、学校、朋友圈各方面的影响更为重要，对性格形成起到决定性的塑造作用。所以，我们更应该注意在日常生活中，特别是对成长期的孩子，要提供良好的生活环境，培养他们良好的性格。

三、了解治疗抑郁症的知识

患者家属，一定要相信医生，和医生建立互相信任的关系，向医生了解治疗抑郁症的知识，按照医生的话去做。

家属需要了解哪些方面的治疗知识呢？

（一）系统、规范治疗是全面康复的关键

首先要知道，抑郁症的治疗，关键是系统、规范治疗，彻底消除临床

症状,提高临床治愈率,恢复患者社会功能,提高其生活质量,使其重新踏入社会。只有这样,才能最大限度地减少患者的社会功能损害,降低自杀率,减少病情波动,防止复发。

(二)有多种治疗方法

抑郁症治疗方法包括药物治疗、物理治疗、心理治疗、运动疗法、天然中草药和食物疗法。

(三)药物治疗

抗抑郁药物是治疗抑郁症的主要方法。新一代的药物,疗效好、安全性高、不良反应少而且轻微,目前已经是临床广泛使用的一线用药,包括选择性 5- 羟色胺再摄取抑制药、选择性 5- 羟色胺和去甲肾上腺素再摄取抑制药、去甲肾上腺素和特异性 5- 羟色胺能抗抑郁药等。

传统药物如阿米替林、多塞平、氯米帕明等,疗效好,但是不良反应大,目前还在部分使用。

患者家属一定要遵照医生的话给患者用药,千万不要试图"自学成才",把自己的亲属作为试验品,自己一边看书、一边给亲属治病。一个中学生得了抑郁症,患者的母亲,一边自学心理学知识,一边给自己的孩子做心理治疗。两年以后,孩子病情毫无缓解,要么病情表现为混合发作,要么表现为合并强迫症状,学习生涯停止在初中,影响了一辈子。最后,还是医生用了五年的时间,才把患者彻底治愈。

♥ 如何选择药物

选择原则,主要是根据药物的不良反应以及患者对不良反应的耐受程度。因为,针对抗抑郁效果来说,临床上应用的药物,都是经过国家有关部门批准的合格的有效药物,疗效类似。不同的是,每一个药物的不良反应不同。不管是进口的还是国产的,临床效果差不多。因此,患者和家属也不要纠结药物的产地。

抑郁症有一种分类比较符合临床实践,就是抑郁症可以分为单相抑郁症和双相情感障碍。单相抑郁症就是一生中每次发病只有抑郁发作,从来没有躁狂发作;而双相情感障碍,就是一生中除了抑郁发作外,还有躁狂发作。治疗双相情感障碍,就要避免使用选择性 5- 羟色胺和去甲肾上腺素再摄取抑制药、去甲肾上腺素和特异性 5- 羟色胺能抗抑郁药等,原因就是这两类药物治疗抑郁症时容易引发躁狂发作,导致抑郁症越来越难治。而传统的抗抑郁药物 , 如阿米替林、多塞平等,引发躁狂发作的可能性更大,更要避免使用。

因此,患者和家属,不要道听途说,和医生点名要使用哪种药物。

💙 治疗时间多久

药物治疗需要保证足够剂量、全病程治疗。

一般第一次发病,就按下述三个阶段治疗。

第一阶段——急性期治疗,一般需要 2 ~ 3 个月。目的在于控制和消除抑郁症的症状,恢复社会功能,达到临床治愈。

如果患者使用足量药物治疗 4 ~ 6 周无效,最好换用作用机制不同的药物,继续进行第一阶段的治疗。尽量不要换用同类药物。换药无效时,可以考虑联合药物治疗。联合药物治疗时,可考虑联合使用 2 种作用机制不同的抗抑郁药,一般不主张联用 2 种以上抗抑郁药物。急性期治疗如果无效,首先考虑抑郁症诊断是不是正确? 是不是误诊? 如果诊断正确,再考虑换药。如果诊断错误,立即更正诊断,重新制定相应的治疗方案。

第二阶段——巩固期治疗,一般需要 4 ~ 9 个月。目的在于巩固临床治疗效果,防止病情波动和反复。

在没有发明治疗抑郁症的药物之前,抑郁症的自然病程为 6 ~ 13 个月,一般 9 个月。经过治疗的抑郁症病程一般可以缩短至 6 个月。巩固期患者病情不稳定,容易波动反复。因为尽管抑郁症的症状消除了,但是抑郁症的病理过程还在继续,并没有中断,只是症状没有表现出来。类似于治疗感冒发热,服用退热药后发热消退了,但是炎症病理过程还没有结束。所以,该阶段药物剂量,要保持第一阶段急性期的有效剂量不变,巩固期要覆盖整个病程。一般至少巩固治疗 6 个月左右。临床实践中,巩固期的后一阶段,患者的不良反应可能会越来越明显,有时可能受不了,患者和家属可告诉医生不良反应影响了生活,要求减量。

第三阶段——维持治疗阶段,一般 2 ~ 3 年,目的在于防止复发。抑郁症复发率高达 50% ~ 85%,其中半数患者得病后 2 年内还会复发。单相抑郁症患者很少(20%)有单次发作病程超过 2 年的。

如果是多次发病,前两个阶段类似,第三个阶段可能就要长期治疗。一个抑郁症患者,如果是第一次得病,一般全病程治疗 2 ~ 3 年;如果是第一次复发,全病程治疗 5 年;如果是第二次复发,终身服药。

急性期和巩固期的治疗效果,对患者长期预后和恢复社会功能影响较大。因此,在急性期和巩固期,治疗时间尽可能充分,治疗剂量尽可能维持在较高的水平。临床上,有时也难以做到完全按照三个阶段的时间段治疗,特别是第二阶段巩固期治疗。除了患者自己不愿意长期服用大剂量药物之外,再一个主要原因就是随着巩固阶段持续治疗,效果越来越稳定、彻底,不良反应会越来越明显,患者反而对巩固期的剂量受不了了。此时,就要慢慢地、小心翼翼地减少剂量,每次尽量少减一些,减量间隔时间长一些,总的想法就是尽量采用较高的剂量巩固和维持治疗。建议减量的原则,就是等患者催医生减量。

这三个阶段,家属和患者一定要坚持到底。临床上,教训不少。曾有一个中学生,春天得了抑郁症,经过门诊治疗康复,当年考取了大学。九月份开学以后,家长认为抑郁症已经治疗好了,不用吃药了,就自作主张,让患者不要再吃药了。结果到了学期末放寒假,患者抑郁症复发。门诊治疗 2 个月效果不好,就住院治疗。最后,住院 4 个多月,花费好几万元,症状还没有完全消除,影响了学业。

❤ 药物不良反应

新一代的药物,包括选择性 5- 羟色胺再摄取抑制药、选择性 5-羟色胺 / 去甲肾上腺素再摄取抑制药、去甲肾上腺素 / 特异性 5-羟色胺能抗抑郁药等,就是因为不良反应轻微才受到患者和医生的欢迎,临床应用广泛。但是也有一些不良反应,如失眠、头痛、头晕、出汗、反应慢、胃肠道反应(食欲降低、恶心、腹泻、便秘、口干)、性欲下降、紧张性坐立不安、肢体震颤等。通常这些不适的感觉都比较轻微,甚至感觉不出来。偶尔不能忍受,医生也会通过调整治疗方案或给予对抗药物治疗而消除。

家属需要注意的是,出现罕见的癫痫发作、诱发躁狂、自杀想法等,就要立即停药,并请医生指导。

(四)物理治疗

物理治疗包括改良电休克治疗(MECT)、重复经颅磁刺激治疗(rTMS)等。

改良电休克治疗起效快,效果好,特别适用于患者有拒绝饮食、自杀等紧急情况时,尽管会有使患者忘事的现象,但是几个月后就会恢复正常。

重复经颅磁刺激治疗是一种无创技术,有一定效果,不良反应少,安全性比 MECT 高,更适合于不愿意住院患者的门诊治疗。但是目前看来,rTMS 效果不如 MECT,只能是 MECT 的替代治疗方法,或者作为药物治疗效果不好时的辅助治疗。

(五)心理治疗

心理治疗方法很多,也是一种辅助抗抑郁治疗方法,目的主要是让患者了解抑郁症的知识,配合治疗,完全康复,纠正性格缺陷,减轻心理压力,防止复发,恢复和保持社会功能,能够正常地学习、工作和生活。常用的方法主要有支持性心理治疗、认知疗法、行为治疗、动力学心理治疗、人际心理治疗、婚姻和家庭治疗等。这些心理治疗方法，都是从国外传进来的，中国人不太习惯。湘雅医院老前辈许又新教授曾说，只有植根于某种文化的心理治疗，才是最容易接受和最有效的。因此，借鉴湘雅医院老前辈们的思想与经验，我们对患者进行心理治疗采取如下方法。

首先，对家属普及抑郁症的相关知识。其次，告诉家属，要降低对患者的期望值，特别是青少年患者，要让患者降低人生理想目标，顺其自然，认识到比上不足、比下有余，身体健康是第一位的，要赢在终点，而不是起跑线，更不要让患者去实现家长的理想。对患者，不要哪壶不开提哪壶，不要找茬儿，不要和患者谈论他不高兴的事情；患者不高兴或者不耐烦、发脾气，不要理会，假装听不见，也就是不接茬儿。总结为9个字，即"降目标，不找茬，不接茬"。

对患者本人，也要普及抑郁症的相关知识，帮助患者分析性格特点，找出不足或者缺陷，顺其自然，六十分万岁，不要在乎别人的议论和评价，不争强好胜，不和别人攀比，对自己不刻薄、对别人也要宽厚，不吹毛求疵；退一步海阔天空，满足中努力，努力中满足；帮助患者扩大业余兴趣和爱好，广交朋友，可以以球会友、以棋会友、以牌会友等，多参与集体活动，提高其社会适应能力。

这个方法，家属和患者都容易接受，实际上符合大多数中国人的社会生活现状和心理活动特点，也就是符合中国人的文化传统，起到了较好的临床效果。

（六）运动疗法

体育研究证实，运动疗法对改善抑郁情绪，特别是对轻度和中度抑郁症有一定疗效。抑郁症患者通过运动疗法能够改善情绪、提高生活质量，适合于合并高血压、糖尿病的抑郁症患者。

运动疗法，最好是户外活动，可以进行社区晨练、打太极拳、散步、跑步、跳绳、跳健身舞等。

通过不同的健身锻炼形式，帮助人们减少压力，放松心情，从而可以减轻抑郁情绪，精力更加充沛，增加平衡性和柔韧性。运动疗法安全、有效而且简单易行。

精神压力事件使大脑神经细胞减少，抗抑郁药可以增加细胞的产生数量。研究发现，有氧运动同样可以大大增加大脑海马区新神经细胞的产生数量。动物对照实验也发现，每天运动的动物产生的新细胞数量是久坐不动动物的近两倍。

抑郁症在中医学中属于"郁证"范畴，多由情志不舒、气机郁滞所致，理气开郁、调畅气机、怡情易性是治疗郁证的基本原则。运动疗法能通过调节情绪、建立自信、怡情易性，达到改善和治疗的目的。特别是太极拳，中华民族的国粹之一，不仅能调整阴阳、舒筋活络、强身健体、延年益寿，同时还能防病疗疾，提高人的修养，健全人格，陶冶情操，是一项深受人们喜爱的运动项目。

运动有好处,甚至是步行,都会帮助你活得更长,感觉更好。然而,究竟锻炼多长时间对精神健康最好？建议每周进行 3 ~ 5 次 45 分钟的锻炼,是减少压力或缓解抑郁的最佳方式。过分锻炼,抑郁情绪加重,反而不好。运动疗法适合于轻、中度抑郁症,对于较严重的抑郁症,患者精力减退,疲乏无力,根本不能出门,不太适合。当然,可以先采取坐车出门、散步,或观赏别人的活动,再慢慢地过渡到自己活动。

（七）天然中草药和食物疗法

中草药和食物疗法一般又叫抑郁症自然疗法,临床可以试一试,并不能代替规范治疗。对于某些抑郁症患者,某些中草药和膳食补充剂好像有一定的效果,但是还需要更多的研究证实,而且要注意某些不良反应。营养和膳食补充剂国内一般很少推荐使用,要注意药物的相互作用以及不良反应。另外,患者也要告诉医生是不是在服用这类补充剂。

1. 圣约翰草　对轻度或中度抑郁症有帮助。欧洲使用普遍,美国食品药品监督管理局（FDA）没有批准。圣约翰草可以影响许多药物,包括抗凝血药、避孕药、化学治疗药、抗人类免疫缺陷病毒（HIV）药物,以及器官移植后的抗排斥反应药物。合并抗抑郁药会引起严重不良反应。

2. 藏红花　藏红花提取物可能改善抑郁症状,大剂量可引起明显的不良反应。

3. S- 腺苷甲硫氨酸(SAMe)　是体内天然存在的化学物质的合成物。美国 FDA 并没有批准其用于治疗抑郁症,但在欧洲用作治疗抑郁症的处方药。SAMe 可能对抑郁症有帮助,大剂量可引起恶心和便秘。不能与抗抑郁药合用,可能会有严重的不良反应。

4. Omega-3 不饱和脂肪酸　存在于冷水鱼、亚麻籽、亚麻油、核桃和其他食物中,对抑郁症可能有效,比较安全,但是大剂量与其他药物合用可能会有不良反应。

5. 5- 羟色氨酸(5-HTP)　在美国是非处方药(OTC),但在其他一些国家需要处方。5-HTP 可能在改善 5- 羟色胺水平(一种影响心情的化学物质)中发挥作用。使用 5-HTP 有可能引起严重的神经系统疾病。

6. 脱氢表雄酮(DHEA)　自身产生的激素,DHEA 水平的变化与抑郁有关。以 DHEA 作为膳食补充剂可以改善抑郁症状。DHEA 耐受性好,但大剂量或长期使用不良反应明显。大豆或野山药制成的 DHEA 无效。

四、了解抑郁症常年治不好的原因

（一）治疗不规范

抑郁症治疗目标，是症状完全消除、恢复社会功能和生活质量，能够像正常人一样生活、工作和学习。但是，小部分抑郁症患者治疗效果不好，可能数月、数年也治疗不好，成为难治性抑郁症。家属也很着急，为此可能四处求诊，花费巨大，无法完成学业和就业，甚至成为"宅男""宅女"，影响一生。医生在门诊遇到此类病例，大多数存在诊断问题和治疗不规范。

（二）误诊、误治

抑郁症临床表现复杂，非常容易误诊、误治，导致患者常年治疗而不愈。经常误诊的疾病，如精神分裂症、焦虑症、人格问题，甚至被误诊为身体脏器（如胃、心脏或大脑）的疾病。还有一部分患者，本来是双相情感障碍，误诊为单相抑郁症，经过治疗，要么效果不好，要么引发躁狂。极少部分，可能由于医生不仔细，没有发现残留症状，过早地减少药物剂量，没有充分治疗等，造成抑郁症时轻时重、常年不愈。再有就是患者本人，不能坚持常规服药，导致病情波动、不稳定。

(三)长期心理压力

很少一部分患者,可能存在实际生活困难,是其长期的心理压力来源,造成抑郁症久治不愈。

五、了解防止抑郁症复发的知识

(一)抑郁症是一类反反复复的发作性疾病

在没有发明治疗抑郁症的药物之前,大约 80% 抑郁症患者反复发作,1/3 的患者甚至在第一年内复发。国内研究发现,第一次发病的抑郁症患者,经过充分治疗,坚持服药,医生定期随访诊视 7 年,仍有 77.5% 复发,42% 再次住院。

一般认为,虽然抑郁症治疗效果较好,但是一部分抑郁症容易反反复复,反复以后逐渐变得长期不愈,残留抑郁症状加重或成为难治性抑郁,缩短了能够正常生活的缓解期时间,大部分时间会陷入长期抑郁状态,严重影响日常生活,甚至不堪忍受痛苦、失去希望而结束自己的生命,约 15% 的抑郁症患者过早离开我们的世界。所以,抑郁症第一次治疗好了以后,要降低抑郁症的复发风险,尽量避免反复发作,从而确保抑郁症患者处于良好的生活学习和工作状态,保持良好的社会功能,这是最重要的事情。

虽然服药不合作容易反复,但是一些抑郁症患者,尽管按期服药,还是会因为下列原因反反复复:急性期治疗不彻底,仍残留抑郁症状;平时性格就是多愁善感、郁郁寡欢;已经多次复发,特别是3次以上;生活压力大或对生活现状很不满意;经常喝酒。

患者家属,要了解抑郁症容易反反复复的高危因素,帮助抑郁症患者保持良好的生活状态和心理状态。家属应该知道,抑郁症患者有下列情况时容易复发,必须维持治疗:已经犯病3次以上,起病年龄早,抑郁症家族史,发病以后病情越来越重,长期残留症状,长期的心理、社会压力,长期身体患病影响日常社会交往和社会生活,合并其他精神疾病如酒瘾、长期失眠,或者总是悲观地看待事物。

防止复发的药物到底要服多久?服药剂量是多少?家属也应该了解,以便督促患者不要忘记服药。因为大部分抑郁症患者会有懒惰或侥幸心理,认为抑郁症已经治好了,不用再服药了;或者是担心药物的不良反应(如发胖,心、肝、肾损害等)而中断药物治疗。

在没有发明抑郁症治疗药物以前,发现大部分抑郁症经过6～13个月以后,抑郁症患者自然缓解,很少有超过2年的。也就是说,大部分患者不用治疗,6～13个月以后,自己也会完全好了。所以,仅发病一次,病情也比较轻,或者上一次发病在5年以前,世界卫生组织建议不用维持治疗。

抑郁症的自杀率为 10% ~ 15%,首次发作后的 5 年内自杀率最高。因为抑郁症复发有一定的季节性,2 ~ 3 年可以打破它的循环周期,所以,第一次发病以后,对上述容易反复发作的抑郁症患者建议维持治疗,时间一般至少 2 ~ 3 年。

已经多次复发者要长期维持治疗。维持治疗的剂量,继续使用治疗期间的剂量肯定效果好,但是由于药物的不良反应可能会越来越大,患者可能受不了。因此,维持治疗的同时,患者家属也应该督促患者定期看医生,医生会判断患者的病情变化、药物的不良反应,调整治疗方案,防止复发。

(二)家属怎么早期发现复发

如果抑郁症患者又出现了原来抑郁症发病时的表现,家属自然知道抑郁症又犯了。但是,在抑郁症复发还没有完全发作起来,就是在复发的早期,就把抑郁症控制住,那是最理想不过了。因此,患者家属能够判断抑郁症复发的早期表现,能够及时地进行系统治疗,就可以及时地控制住抑郁症复发。

如果患者最近几天开始有下列表现,有可能是复发的先兆,家属就要高度警惕可能抑郁症要复发了。

1. 失眠走神,食欲不振   入睡难,入睡慢;睡不沉,睡睡醒醒,梦多;早醒,天没亮就醒了。上课、上班走神儿,看电视、吃饭、交谈时心不在焉;容易忘事,干活时丢三落四;自己静坐发呆,打招呼时反应慢。饭量减少或吃饭不香。

2. 乏力懒惰,生活懒散　莫名其妙地没有力气,容易疲劳,睡觉也不能解乏,没精神,久坐不动;原来勤快的人,不愿意干家务活儿了,原来爱漂亮的人,不愿意洗漱打扮了。

3. 空虚无聊,不愿出门　常常不由自主地感到空虚,莫名地感到无聊与无奈,生活没意思。对原来感兴趣的活动,如琴棋书画、打牌、打球、钓鱼、唱歌,都没了兴趣。闷闷不乐,兴趣索然。

外向开朗的人,不愿意见人,特别是熟人,也不愿意参加日常的社会活动;学生不愿意参加集体活动了,也不找同学玩儿了;大人不再愿意与邻居聊天了,也不愿意到公园或社区活动中心玩儿了。

4. 心烦易怒　闷闷不乐,心情不好,情绪失控,没有耐心,易冲动;脾气大,小事易怒,容易与家人及同事争执或冲突,打孩子、摔东西等。

5. 性欲下降　配偶最容易发现。性生活没有兴趣,性欲下降,性生活减少,甚至表现为性冷淡、阳萎等。

（三）如何帮助患者预防复发

1. 坚持巩固治疗、维持治疗和定期复诊　在每次的抑郁发作期内一定要坚持足够时间的巩固治疗和维持治疗。维持治疗时期，也要定期看医生。

2. 知足常乐　帮助患者改变性格缺陷，降低人生目标和期望值。消除自卑情绪，减轻心理压力。

3. 创造良好的生活、社交环境　帮助患者扩大爱好，多交朋友，以乐观积极的心态面对生活，可欣赏阅读美文诗词、唱歌、外出旅游散心等。

4. 生活有节　帮助患者做到饮食起居有节，按时作息，不熬夜，少饮酒。一些患者最近喜欢喝酒了，就要考虑可能要复发了。

5. 帮助患者了解复发的早期表现　患者了解了抑郁症复发的早期表现，会及时地告诉家属，及时地看医生。因为有些早期表现只有患者才能感觉得到，而家人可能发现不了。

第二节

多陪伴患者

作为患者家属,了解了抑郁症的知识后,还应该知道如何与患者相处,如何陪同患者,帮助患者顺利康复。

一般情况下,家属要做到以下几点。

一、关心患者,恢复自信

多谈心,勤交流,培养亲情,尊重和信任患者,帮助患者识别和纠正错误的想法或是打消消极的念头,因为患者的思维方式与我们常人不同,要么以偏概全,要么非此即彼,要么一无是处、全怪自己。帮助患者回忆、记录一些开心、轻松、愉快的事情,回忆有成就感的事情,无论任何事情,做好事或是恶作剧的事情,只要开心高兴就行,帮助患者从中获得良好的内心感受,并为患者提供适当的情感宣泄途径,从而恢复自信。

二、注意安全，保管好药物及危险物品

抑郁症患者，常有轻生念头，严重时就会采取行动，想方设法结束自己的生命。因此，抑郁症的整个治疗过程中，患者的生命安全始终是需要关注的问题。特别是在抑郁症的发病初期和缓解阶段，患者的轻生念头还没有消除，而患者的精力在早期还没有受损，在缓解阶段精力开始恢复，采取轻生的行为有了力量，此时更容易自杀成功。

危及生命安全的物品，要严加看管，如利器、绳子、药品或农药等；某些环境也要注意，如高楼阳台、农村井口；特别是药物，要家人专门保管，在患者服药时，家人要在旁边监督，确保药物全都服下，还要防止患者把药物囤积藏匿起来，以后伺机一次性吞服自杀。另外，某些患者在马路上，会伺机冲向行驶中的汽车。

三、帮助患者按医嘱服药

患者需要长期服药，部分患者会慢慢地就不愿意服药了，会开始偷偷地减少药物片数，认为"是药三分毒"，时间长了可能会损害心、肝、肾等脏器，或是损害大脑；或认为病已经好了，少吃几片儿也没有事，最后就会一片儿也不吃了。以至于疾病复发，无论如何劝说服药，患者干脆拒绝。

所以,家属需要多陪伴患者,督促患者服药,防止疾病反反复复。如果一些抑郁症患者,正在读书,且住校学习,更应该注意。一个抑郁症患者,在青岛读书,家长接受医生的建议,在学校附近租房,确保患者服药,坚持 3 年,直到大学毕业。患者至今病情稳定,并已经参加工作。另有一个大学生抑郁症患者,药物自己保管,自己服药,但是不坚持天天服药,想起来就服药,忘了就不服药了,以至于经常反反复复,刀割手腕、伤痕累累,最后学校责令其休学在家治疗,影响了前途。

四、帮助患者接触社会

人得了抑郁症后,社交活动很少,经常蜗居在家,胡乱猜想一些不痛快的事情。因此,患者千万不要把自己闷在家里,要经常出门游玩,多参加一些户外活动。

患者恢复健康以后,还要继续工作、学习和生活,但是都面临着一个问题,就是因为自己得了病,总觉得没有脸面、自卑、不好意思见人等。特别是学生,不敢回到学校,甚至得了学校恐怖症。有一个患者告诉我,连大门都不敢出。患者回归社会,恢复社会功能,重新回到正常的工作、学习、生活状态,也是抑郁症患者治疗的根本目的。

一般可采取下述逐步恢复的办法:不敢出门的患者,多带些硬币,乘公交车外出,上午出去,中午吃饭前回来;下午照样。乘车路线自己随意选择,乘车期间患者不用说一句话。1～2周以后,再到超市购物。每次只买一样,上、下午各去一次,期间患者仍然不用说一句话。每天如此,1～2周以后,再到农贸市场购物。此时,需要患者开口说话,还要讨价还价。如此这般,就会逐渐地、慢慢地恢复患者的社会功能。

学生患者,一般在平时不敢出去,只有在晚上或者周末才敢出门,主要是怕见熟人、担心有人问他为什么不上学,甚至到学校时紧张,有的学生上学才几天,因为紧张又辍学在家。除了采取刚才的办法外,对学校有恐怖症的学生,还可以晚上或者周末到学校附近逛逛、溜溜,再逐步在工作日、上课时到学校附近去看看,以便慢慢地消除对学校的恐怖心理。家长可以给孩子创造和同学交往的机会。要么给孩子钱,教孩子约同学到饭店吃饭;或者把同学约到家里来玩儿,一起打牌、下棋等。这样,既可以加深同学之间的友谊,促进交往,同时也提高了孩子的自信,增强了他的社会能力。

如果是退休人员,可以鼓励到公园,先不参与活动,在旁边观赏,再逐步地加入到活动中去。因为怕见熟人,还可以外出旅游,自己一家人旅游或者是参加旅行团,实践效果还是旅行团较好。当然,这也与患者原来的性格有关,内向者需要多鼓励,外向者可能很容易就恢复原来的社会功能。

另外需要注意的是,不愿意出门的表现,有可能是抑郁症还没有完全康复,要根据医生的判断,还要参考患者得病以前的性格、爱好。如果外向性格的人不愿意出门,就要请教医生帮助判断,看看是否可能抑郁症还没有恢复。

五、陪同患者旅游散心

抑郁症患者家属经常会问:"陪患者出去旅游行不行?""旅游对治疗抑郁症有没有帮助?"

适度的户外运动,到自己喜欢的风景名胜旅游,也是消除空虚寂寞、疏导心情的一种方式,回答是"肯定行",青山绿水肯定会令人心驰神往、心旷神怡。一切能够让患者恢复生活信心的事情,都有利于患者康复。

旅游,能给患者创造一个好的治疗环境,对患者康复有很多好处。游山玩水,可以暂时逃离烦心事,使患者放松心情,彻底地放松内心,帮助患者减少压力。旅游还会让患者增加业余爱好,增加生活情趣,有的人因为旅游爱上了画画,有的人喜欢了摄影,有的人爱上了动植物养育。旅游能锻炼身体,爬山、游水,哪怕只是走走路,对身体也有好处,呼吸外面的新鲜空气,对肺也有好处。如果全家一起出游,有老有小,会增进家庭成员的感情,患者的孤独感也会慢慢地消除。旅游会让患者开拓眼界,精神饱满,身心愉悦。中国有很多美丽的古诗词,描写风景的更是数不胜数,在书本上学到的知识和身临其境、亲眼所见又是不同的感觉,如"桂林山水甲天下""飞流直下三千尺,疑是银河落九天"等,对心灵与视觉的冲击也是完全不一样的。旅游还可以增长见识,增加谈资,增加自豪感,人也会变得健谈,性格会慢慢开朗,可以慢慢改变内向、自卑的性格。

抑郁症患者脑子里总喜欢考虑生活中不好的事情、伤心的事情或者后悔的事情,而经常做户外活动和旅行可以给患者创造一个良好的治疗环境,打发一下时间,分散注意力,有助于患者身心放松,在空旷的原野或是高山,或是找一个没人的地方,每天大声喊10分钟,都有助于释放不良情绪,改善身体状况和睡眠,大幅度消除抑郁症带来的压抑、悲观心情。

旅途中,需要劳逸结合,避免过度疲劳,要做好患者的安全防护,同时更不能忘了督促患者每天坚持服药,要带足够的药量,患者家属可按旅程日计算,最好带双倍的量。

六、降低对患者的期望值

现实生活中,某些人的性格特点也与引发抑郁症有关。完美主义者的性格,做事往往认真、固执、过于追求尽善尽美,一旦遇到挫折,达不到心目中的标准,就会产生极大的失落感、自责感,认真、固执又喜欢钻牛角尖，许多问题想不透彻，从而恶性循环，加重了心理压力，就容易引发抑郁症。比如，一个中学生，得了抑郁症，原因是想报考体育特长生，但体育成绩不过关，无法报考，明知如此，仍然执意要这样做，还说人生不积极进取就是错误的，应该要有远大理想，不想当将军的士兵不是好士兵。

作为抑郁症家属，要帮助患者对自己的能力做一个正确的评估，对自己定位要恰当；帮助患者安排合适的生活目标，千万不要给自己安排一些较难达到的目标，对自己放宽要求，不要逞强，不要争强好胜。要正确认识自己的现状，正视自己的病情，也不要对很多事情大包大揽。家属也要正视现实，顺其自然，不用过高期望患者做出大的成就。"磨刀不误砍柴工"，首先把疾病治好，恢复健康以后，再考虑事业、学习和人生理想。此时，儒家"立言、修身、齐家、治国、平天下"的人生理想，已经不适合患者了，应该多学习老子的道家思想，比如"返璞归真，顺其自然"等，与患者多多讨论交流。

所以，我们更应该帮助患者，放下中国人特别重视的"面子"，注意日常生活，形成良好的习惯，培养良好的性格。

七、避免照顾过度或照顾太少

当家中有人患了抑郁症时，一开始家属都很关心，甚至照顾过度，但是时间一长会失去耐心，或长期诊治不见明显好转时会出现照顾太少。关心患者,有利于康复,减轻患者的孤独、空虚、自卑、无用、失望、寂寞感,但是过度照顾,会使患者产生被轻视的感觉,有时还会让患者心烦,不利于患者康复。

因此,对患者的照顾,要适可而止,以调动患者自己的主观能动性为主,给予患者一个宁静舒适、气氛轻松的家居环境,尽量鼓励他说出自己的感受,一起讨论现况或生活中所遇到的问题,安排患者做一些简单容易、力所能及的工作,从而恢复自信,觉得自己还是一个有用的人,既让患者感受到家人对他的支持与照顾,感受到温暖,又避免出现照顾过少,加重孤独、无用、自卑感而不利于康复。

参考文献

[1] 郝伟,陆林.精神病学:8版[M].北京:人民卫生出版社,2018:105-129

[2] 沈渔邨.精神病学:5版[M].北京:人民卫生出版社,2009:283-296

[3] 邓云龙,唐秋萍,刘铁桥.功能性疾病[M].北京:人民军医出版社,2003:1-21

[4] 陆林.沈渔邨精神病学:6版[M].北京:人民卫生出版社,2018:380-422

[5] 刘协和,李涛,译.牛津精神病学教科书:5版:中文版[M].成都:四川大学出版社,2010:263-322

[6] 于欣,方贻儒.中国双相障碍防治指南:2版[M].北京:中华医学电子音像出版社,2015:67-86

[7] 李凌江,马辛.中国抑郁障碍防治指南:2版[M].北京:中华医

学电子音像出版社,2015:45-92

[8] 姚树桥,杨艳杰.医学心理学:7 版 [M].北京:人民卫生出版社,2018:187-196

[9] 李茹,傅文清,译.人格理论 [M].北京:人民卫生出版社,2005:337

[10] 张道龙,译.精神障碍诊断与统计手册:5 版 [M].北京:北京大学出版社,2016:149-180

[11] 许又新.许又新文集 [M].北京:北京大学出版社,2007:128-132

[12] 杨玲玲,左成业.器质性精神病学 [M].长沙:湖南科学技术出版社,1993:18-24

[13] 杨德森.基础精神医学 [M].长沙:湖南科学技术出版社,1994:358-375

[14] 刘炳伦,穆朝娟.碳酸锂的临床应用 [M].济南:山东大学出版社,2018:31-34

[15] 郭鹏燕,刘炳伦,刘铁榜,等.双相谱系障碍研究进展 [J].国际精神病学杂志,2015(4):53-56

[16] MASER JD, AKISKAL HS. Spectrum concepts in major mental disorders[J]. The Psychiatric Clinics of North America, 2002,25（4）:685-737

[17] Sadock BJ, Sadock VA, Ruiz P. Comprehensive textbook of Psychiatry:10th ed[M].Lippincott Williams & Wilkins,Philadelphia,2017:4099-4138

[18] Gelder MG, Andreasen NC, López-Ibor Jr JJ, et al. New oxford textbook of psychiatry:2nd ed[M]. Oxford University Press,2009:629-692

图书在版编目(CIP)数据

拥抱好心情:抑郁心理自我调节 / 刘炳伦主编 . -- 北京:人民卫生出版社,2022. 1(2025.3 重印)

ISBN 978-7-117-32303-1

Ⅰ .①拥… Ⅱ .①刘… Ⅲ .①抑郁 – 心理调节 – 通俗读物 Ⅳ .① B842.6-49

中国版本图书馆 CIP 数据核字(2021)第 220738 号

| 人卫智网 | www.ipmph.com | 医学教育、学术、考试、健康,购书智慧智能综合服务平台 |
| 人卫官网 | www.pmph.com | 人卫官方资讯发布平台 |

拥抱好心情——抑郁心理自我调节

Yongbao Haoxinqing——Yiyu Xinli Ziwo Tiaojie

主　　编:刘炳伦

出版发行:人民卫生出版社(中继线 010-59780011)

地　　址:北京市朝阳区潘家园南里 19 号

邮　　编:100021

E - mail:pmph @ pmph.com

购书热线:010-59787592　　010-59787584　　010-65264830

印　　刷:北京盛通印刷股份有限公司

经　　销:新华书店

开　　本:889×1194　1/32　　印张:9

字　　数:177 千字

版　　次:2022 年 1 月第 1 版

印　　次:2025 年 3 月第 6 次印刷

标准书号:ISBN 978-7-117-32303-1

定　　价:39.80 元

打击盗版举报电话:010-59787491　　E-mail:WQ @ pmph.com

质量问题联系电话:010-59787234　　E-mail:zhiliang @ pmph.com

52検